庖廚食光

宇文正 著
唐唐 插畫

目錄

推薦序：做菜的幸福　蔣勳　6
推薦序：愛與創造，在小小方寸間　駱以軍　12
推薦序：融融春日裡的豐盛野宴　廖玉蕙　16
推薦序：日常的不凡　許悔之　20
自序：我們同甘共苦的一段「食光」　21

卷一　十年不磨劍

回到生活裡來　26
嗜讀食譜的人　31
友情贊助　36
諾貝爾級便當　40
大力士訓練所　43
玩樂之地與兵家之地　46
節瓜節瓜，要我對你唱歌嗎？　52
美式廚房　55
大同電鍋　59
十年不磨劍　63

小狗與廚房 70
時間感 73
眞味只是尋常 77

卷二 陶淵明種的是什麼豆？

荸薺 82
芋頭 87
花非花 92
紅蘿蔔、白蘿蔔 96
絲瓜 100
陶淵明種的是什麼豆？ 104
再說豆腐 109
南瓜 112
茄子 117
如此多椒 121
不可食無竹 124
我不喜歡黑點點！ 129
馬鈴薯 132
豆芽菜 136

水蓮 140
話說「百蔬之王」 143
春色屬蕪菁 149

卷三　維也納雞排與丹麥炒飯

維也納雞排與丹麥炒飯 154
紅燒 157
文攻武嚇 160
韭菜盒子 164
自從嫁出去以後 168
買魚、煎魚 173
花枝亂顫 179
蝦說 182
今天不做便當 185
今天吃西餐 189

卷四　便當之三國演義

香料 194

枸杞與紅棗 198
九層塔的報恩 202
流淚之必要 206
彌天蓋地 209
水果入菜 212
梨炒雞 217
以酒入菜 220
山珍美味 223
閒扯蛋 228
樹的耳朵 233
便當之三國演義 237

卷五 食光家常菜 241

絲瓜炒蛋／孜然蒜香乾煸杏鮑菇／菊花小管／咖哩四季豆馬鈴薯／干貝茄子塔／蘋果養生雞／雪菜燜豆腐／百花鑲豆腐／三色蛋／雙蔥煨雞翅／茄汁鮭魚排／蘿蔔燒牛腩／培根蘆筍捲／彩椒菜心／烤豆腐／佛手白菜

推薦序

做菜的幸福

蔣勳

飛喬治亞的提比里斯，要經香港，轉伊斯坦堡，再搭土耳其航空沿高加索山脈南側，飛到縱谷間建成的古都。

路程接近二十個小時，我帶著宇文正的《庖廚食光》，一路看，一路笑，時差昏睡，彷彿有「宇文食譜」口齒餘香陪伴入睡。忽然在無何有之鄉醒來，腹中飢腸轆轆，知道是故鄉用餐時間，身體器官都記得把你叫醒。宇文正的做菜筆記，此時就更像一本心靈食譜，知道鄉愁只有吃食可以療癒。晉人張翰在北方做官，秋風一起，他想念故鄉鱸魚蓴菜羹，就辭官回家了。

鱸魚蓴菜羹，比歷史上虛誇的忠君愛國故事更踏實，讓一個人可以回家，讓迷失回不了家的都有反省。像台南的虱目魚粥吧，幾次在國外奔波，也都會忽然因爲那一碗粥，想家想到不行。

氣、味、口感，和記憶有這麼深切的關係嗎？

宇文正的《庖廚食光》，不是一篇一篇寫出來的，是一道一道做出來的「菜」。

整個島嶼正轟傳著餿油事件，這幾年，人人驚慌憤慨，見了面都相互詢問：「還有什麼可以吃？」

一個努力推廣吃食革命的朋友，很激進，她提出一個運動的口號：「不吃不認識的人做的東西！」開會的革命同志異口同聲說：「哇！這太難了吧！」

這個激進口號被否決了，但是我卻因此想到，二十五歲出國以前，我幾乎餐餐都是老媽做的菜，包括便當。

現在的上班族、學生都是外食，你知道你的三餐是誰做的嗎？是怎麼做的嗎？是用什麼材料做的嗎？哇！不敢想！

我們的「食安」或許不是食物出了問題，會不會是人出了問題？會不會是倫理出了問題？如果沒有人對人的關心，食、衣、住、行，哪一樣不會出問題？

小時候讀到「君子遠庖廚」，我就心裡篤定知道：我絕不是儒家認同的「君子」。

因為我總是跟母親上菜場，挑菜蔬、選果，看魚新不新鮮，嗅覺、觸覺、視覺都要用到。看魚販將魚剖肚、剜腸、掏腮，看屠戶用刀，片出豬腰的筋、管，看打麵皮的人手持麵團，彷彿舞蹈跳躍，神乎其技，在熱騰騰平鐵鍋上攤薄薄春捲皮——這些都是我童年最大的快樂，也是母親最大的快樂吧。母親了不起，從來沒有把我的學校功課當一回事，或許她覺得帶著我一起買菜、做菜，才是最好的教育吧？

母親每一片菜葉都在水龍頭下面一遍遍沖洗，芋頭用鐵湯匙刮去皮。我愛吃芋頭燉鴨，母親就教我坐在小板凳上學去皮，教我如何去芋頭皮不會手癢。哥哥愛吃豬腸、豬肚，母親用鹽、用麵粉一道一道搓洗，去腥去油。家裡每天現炸豬油，白玉般的板油切丁，在鐵鍋裡煉，玉塊融化，在清澄澄的熱油中翻成酥黃油渣。我喜歡吃豬油渣，母親就試著把油渣剁碎，加上自己輾的花生粉，加一點糖，搓成我一生覺得最好吃的湯圓。

這樣麻煩，現代人怎麼可能做到？然而我一直覺得理所當然，我受寵，跟母親分享了生活的幸福，母親不會覺得麻煩，因爲她是做給關心的人吃。

母親關心我，也關心六個孩子，她做的便當就是宇文正做的六倍。

我以前沒有想過，每一天母親做好、等著孩子拿走的那些便當有多少數量？應該謝謝宇文正，她的書寫，讓我知道菜如果是做給關心的人吃的，就不會有「食安」的危險。

我們富有了，然而戰戰兢兢地活著，食品都像下了毒，每個人都在問：「還有什麼可吃？」

我的幸福回憶是跟母親一起摘菜的時光，我們對坐，她說著《封神榜》的故事，偶然停下來，告訴我豆苗的下端粗老，用指甲掐，就知道哪一段要掐去，豆苗前端的鬚也是硬梗，也要掐。現在外食，吃一口都是粗渣的豆苗，我就知道廚師與我何干，他幹嘛要細心費時間掐菜？

跟學生一起做菜，多半連「掐」這個字也不懂，最後全用刀切。有靈敏些的，問我蘿蔔切絲還是切片？我說：「切滾刀塊……」他拿著刀傻眼，不知道我在說什麼武俠招數。跟在老媽跟前，不知不覺學了很多。台灣吵教育吵到天昏地暗，幸好我退休了，對「滾刀塊」或「滾刀快」有興趣的學生，自然會跟在身邊，其他的，我也莫可奈何。

可以吃認識的人做的菜，是一種幸福；可以做菜給認識的人吃，也是幸福。這兩種幸福都沒有了，要「教育」何用？

這幾年每次到倫敦，都會去傑米·奧利佛（Jamie Oliver）的餐廳，三十歲剛出頭，他就用餐食帶動社會革命。首先，經過調查，他抨擊英國學校餐食不健康，動手改革，帶動第一波革命。第二波，收納街頭遊蕩中輟生，在餐廳服務，學習飲食料理。我在他的餐廳，看到彬彬有禮的青年，跟我細說每一道菜的食材做法。二〇一四年二月最近一次去倫敦，他已進行第三波革命，提供經費，讓有經驗的中輟生出去獨立開店。傑米是我這幾年的偶像，我再次相信眞正的革命是從餐食生活做起，從人的關心做起。不能具體做改革，或許是無濟於事的吧。

所以，宇文正的家人朋友眞是幸福，但是我想，宇文正一定覺得她才是最幸福的吧，可以做菜給自己關心的人吃。

沒有關心的人，沒有人關心，要教育何用？

這本《庖廚食光》是幸福之書，寫給對生活還有幸福嚮往的人。

到達了提比里斯，當晚魯斯塔維的歌手設宴招待雲門全團，到城外鄉下歌手家中用餐。簡單房舍，院子裡一片葡萄園，紫色、白色葡萄一串一串，三十多名舞者就坐在葡萄架下用餐。桌上的無花果、梨子、甜桃、黃瓜、番茄，全是院子生產。幾個歌手的太太忙進忙出，搬出私釀的紅酒白酒，歌手兼主廚，手臂長的鐵支上牛羊肉串，上碳烤架，吱吱冒著香噴噴煙氣。攤出來的熱麵餅，發酵的乳酪，一問起來，都是自家做的，好像沒有什麼外食的依賴。

魯斯塔維在全世界巡迴，用他們從土地出來的歌聲感動成千上萬觀眾，然而到他們家鄉，才知道美麗的聲音來自這樣簡單踏實的生活。

在「流浪者之歌」舞台上一站九十分鐘不動的王榮裕，躺在葡萄藤下，感慨地說：「台灣到底出了什麼問題？」

我很高興，因爲身邊帶著宇文正的《庖廚食光》，我想，島嶼要如何找回人的「關心」？

也許，激進的口號可以改爲：請花一點時間，知道自己最愛的人在吃什麼樣的食物！

希望大家可以一起動手做「宇文食譜」！

推薦序

愛與創造，在小小方寸間

駱以軍

我高中時帶便當的記憶，因為那時母親迷上健康飲食，便當盒底裝的是糙米胚芽飯，這種飯，用那年代還不進步的學校蒸飯箱一蒸，不知為何就有一種糊味，加上父親有高血壓的毛病，母親給我們帶的菜，少鹽、清淡，那年紀整個就覺得自己的便當「不好吃」。其實母親過年煮一整桌外省年菜的手藝是呱呱叫的，或那時她也是上班婦女，非常辛苦，總之高中記憶的便當，並不可口。

當時在班上有點流氓的味道，於是，會去襲擊同學的便當。這就在一群男校男生間，在他們抱著便當在前面逃，我拿支鐵湯匙在後面追的紛亂印象。有的同學的便當乏善可陳，有搶過一傢伙的便當，竟就是白飯上面鋪薄薄一層肉鬆，蒸過以後，感覺比我的飯盒還悲慘。有的就是丟一顆肉粽，說不定根本是買來的。很一般是炒飯，火腿丁、冷凍豌豆、蛋炒飯；有的就塞一堆可能是一整鍋滷味裡撈起的肉塊、油豆腐、紅蘿蔔、海帶捲，顏色黑而鹹。更悲慘的，還有就鋪開對剖一半的鹹蛋，隨便配點蒸黑的空心菜炒肉絲，或就一節白帶鹹魚。

但就有那種傢伙，便當盒蓋掀開，天啊，感覺好像有仙樂飄出，紅燒排骨、獅子頭、漂漂亮亮的番茄蛋、艷紅的帶殼蝦子，連鮮筍、茄子、絲瓜、青豆，顏色都那麼晶瑩，感覺連醬烤雞腿長得都和我們便當裡的瘟雞腿好像是不同國家的雞。調色那麼美麗，每天都出不同菜色，那種你覺得只有跟大人上館子，才有幸能吃到的夢幻菜餚。那時，我們都流著口水，幻想這傢伙的母親一定是仙女。

直到在臉書上，看到宇文正這批「幫兒子做便當」的閃文，才恍然大悟，當年我們欣羨、嫉妒的某個同學，那揭開的便當盒，像魔法讓青少年的我們心痛的那夢幻，無能言說的白煙騰漫的奢侈，或不承認其實就是「幸福」的什麼，原來就是後面有一個母親，在布置這每天不同菜色的便當。那像電影「海鷗食堂」、「蒲公英」這種對烹飪近乎虔誠、近乎愛情的，屬於創造的祕密時光。

我和宇文正最初始的友情，在一非常奇幻的場景。那約是在二〇〇五年左右，有九個月的時間我為憂鬱症所困，每個月會到台安醫院精神科掛號，看診拿藥。那對我是像在深井下，光度無比暗淡的時光。有次我倉倉皇皇從醫院走出，有個人喊我，是宇文正，一臉甜美溫暖的笑靨：「你怎麼在這？」「妳怎麼在這？」很多年後，我才知道，當時她也是定期到醫院回診，其實是比那時的我所遭遇的，更擔憂害怕的奇幻的病痛。當然等我知道那一切時，她已徹底平安無事，我們是在一報社旁的小餐館舉杯爲她祝賀。

這件事對我內心有兩個祕密的感想，一是，這位女孩，即使自己承受不爲人知的壓力、恐慌，她遇到你時，仍是溫暖（後來知道她是太陽坐命）、一臉燦爛的笑。這些年（她還並不是主管位置的時候），總是她憂心忡忡告訴我，同輩作家哪位身體出了什麼狀況，或是哪位長輩作家吃了什麼委屈，或是哪個我們都認爲極有才華的年輕小說家如何懷才不遇……。當整體文學環境可能不再有我們年輕時，那樣的「想像的天寬地闊」，愈艱難困厄，她卻保有我記憶中「副刊魂」的溫度，疼老扶小，多了點「媽媽味」，像操持一個「我愛廚房」的明亮心情，在對待這些現實世界各世代的文學創作，其實皆面臨各自大於自己想像（或最初的文學夢）的剝奪感的珍禽異獸們。

第二，她是個母親。我們在醫院門口匆匆偶遇時，我們各自的孩子，其時都還年幼。我是後來才體會，那種像「龍貓」裡，作爲隱約背景的「媽媽的病」，在孩子的世界，可能遇見奇幻、魔術的遭遇。但那個在母親這邊的惘惘的威脅，微笑後面對孩子的「若我不在場」的憂愁，雖然後來平安無事了，但孩子或永遠不知道，也許像葛林《愛情的盡頭》，這母親可能曾爲了他，對神許過什麼超現實的願望呢。

這兩個「祕密」，其實都是「多出來的情感」。好像是手伸出來，然時代的列車其實匡啷匡啷離開你站著如浮橋的月台，一切其實像它所看去的，歲月靜好，或至少如常進行。於是手又放回口袋，一個隱形的迴圈手勢。

其實這「多出來的情感」，正就是「便當」。那在小小方寸間，遠超過原本一個便當所慣習、無有太多驚喜的這些那些，她好像塡塞了你不知道怎麼魔術拗折、收納進去的，那些祝福、愛，或創造本身的美麗時光。

祝福宇文正這本書。

推薦序

融融春日裡的豐盛野宴

廖玉蕙

這既是一本實用的食譜，也是一本情趣盎然的散文集。宇文正聲稱原本只是想當個良母，爲上高中的兒子持續做便當，誰知風風火火的，竟從架空的十年回到了生活裡。不但一如承諾做出了許多便當菜，還因之寫出了色香味俱全的散文集。攤開書本，就像在融融春日的如茵草地上聚集了朋友來參與野宴，漂亮的草毯上攤著連綿迤邐的豐盛菜色，除引人垂涎外，還附送洋洋灑灑的知識與溫暖厚實的人情。

和宇文正相識後，偶或聚餐，她總找得到讓我們眼睛爲之一亮的特色餐廳，相對於我們這些上了年紀的歐巴桑，我們總戲稱她走的是「貴婦路線」。只當她喜歡吃、會吃，沒料到她還眞是飲食專家！不只說得一口好菜，且是可以實作親爲的厲害角色；看來嬌滴滴、以爲理當遠庖廚的現代女性，竟然眞的在廚房和文字間慢燉快炒起來。書中，不只談食物和烹調，舉凡和飲食相關的一切，如食譜、廚房、吃早餐的陽台、盛食物的美麗餐具、記事的布告板，甚至飲食記憶的過往人事，鉅細靡遺，堪稱一本味蕾與記憶結合的食譜。

相較於飲食文學的前輩作家林文月、蔡珠兒等人的書寫，宇文正的《庖廚食光》多了份庶民的親切俏皮與情趣。談了食材、鋪陳了做法的段落間，總不忘點綴一兩則令人莞爾的小事或議論。譬如，〈以酒入菜〉前，先敘一段當新娘時給客人灌酒的橋段；說〈梨炒雞〉前不忘戲言丈夫通常一次只能吩咐他做一件事，「如今三樣買了兩樣，命中率不算低。」談到節瓜，還引《山南水北》裡韓少功說他修剪葡萄葉惹惱了一株葡萄，逼出了一樁驚天動地的葡萄自殺案，來推論是否得對食物說好話才能做出可口的菜來，甚至諧謔地對著桌上的節瓜問：「要我對你唱歌嗎？」她對於白花椰菜怎麼長得像一棵樹感到不解，感覺吃下一大朵花椰菜，就「彷彿吃進一座森林」；而遵照網路說法實驗，將幾顆蘋果丟進馬鈴薯袋中，非但沒有辦法一如所言的抑制馬鈴薯發芽，反倒讓蘋果跟馬鈴薯「都一起老了」。

書裡最有趣的是〈閒扯蛋〉一文，從王盛弘〈料理一顆蛋〉的現場朗讀中，觀眾追問蛋白下落寫起，談到蛋的各式料理，再談當年十八歲的媽媽做出的一桌蛋，和婆婆垂詢水煮蛋煮得恰到好處的祕訣，甚至帶出大學同學的特殊習慣——不吃還有「蛋的形狀」的蛋；中間另穿插為何蛋的語彙總是負面意義居多，以及有關蛋的附庸風雅典故……。整篇文章東拉西扯，盡得「閒扯蛋」主題之旨，眞是讓人拍案叫絕。

除了行文靈動俏皮外，她還藉著書寫，追憶過去的美好時光。無論是在朝陽燦爛下或月光籠罩中，筆下所及，若非溫馨的原生家庭——疼愛她的父、母、兄、嫂；就是甜蜜的小家庭——時常被她消遣的丈夫，常常吐槽她的兒子；還有她敬愛著的公婆和一群共度青春歲月的昔日同窗。獨身時的嬌嗔和婚後的溫婉，交織成一匹令人艷羨的生活織錦，而讀者最羨慕的，應該是她被眾親友捧在掌心裡當珍珠般地疼愛著的運氣。此中有人，還不僅止於記憶中的至親，文壇中人也紛紛出現筆下，當年已然失憶的琦君，談起自家手藝，仍隱隱透露得意之色；詩人陳育虹不時以伊媚兒寄送私家食譜，彷彿以食入詩；小說家駱以軍走出小說、進入生活的有關霸凌趣問；汪啟疆在餐桌上以大半碗生辣椒配飯的壯舉；臉書上和友朋的相互調侃……。凡此，都可見她人格特質的展現與對美好生活的追求。

宇文正談吃，也不止於實用的做菜方法和令人神往的憶往追昔，她不但愛吃、會做，也努力探源，隨手做功課。提到文火燉焙，順手拈來《紅樓夢》中寶玉愛吃的糟鵝掌、王熙鳳說的「茄鯗」；談大火快炒，則引證宋代沈與求〈錢塘賦水母〉詩；說白菜，不忘袁枚《隨園食單》中的〈雜素菜單〉；談大頭菜，隨即憶起日本《今昔物語》裡的大蕪菁故事和蘇軾〈憶江南〉的「春色屬蕪菁」；談到茄子，則引出戰國時期闔閭爲疼惜瘸腿兒而通令改稱茄子爲「落蘇」的傳說……。件件原來都有來歷，讓人閱之長了許多見識。

「食色，性也」，無論東西方，都承認飲食是人的基本欲望。近年來，台灣的飲食文學大興，食譜由圖像爲主轉趨文字敘述，讓我們看見類型文學的新契機。這本散文直接提供讀者具體的做菜方法，間接點醒我們珍惜人間的緣會；此外，讀此書還能長見識、賞情趣，實爲如今勃發的飲食文學壯了不少的聲色。

推薦序

日常的不凡

許悔之

這兩三年來，從宇文正臉書上看到她為兒子做便當的記事，總是心生歡喜！但又旋即慚愧。我大兒子考高中前，我也曾做了百來日的便當，但相對於宇文正之食單，我實在愧對我的小孩。

她於便當之用心，巧變，耐蒸，色美，味佳，營養，治大國若烹小鮮，沒有干將莫邪煉劍之壯烈，卻充滿採花摘葉皆劍氣的款勢。況且，記述的文字，筆下生香，最是見得溫柔與幽默雙翼比飛。

我非君子，不遠庖廚，偶爾燒菜給家人朋友吃，偶爾也應朋友家聚之請，權充外燴廚師，也知食物之心意和療癒，世間少有能比。

若說林文月教授的《飲膳札記》是飲食書寫的古典扛鼎，那麼，宇文正的《庖廚食光》則是我們這個時代真正的「小確幸」經典了。

讀完此書，乃知便當之事、一飲一食之間，人間緣會，真心在此。

自序
我們同甘共苦的一段「食光」

這些事情，孩子應該是不會記得了。在他嬰幼兒時期，爲了陪伴他成長，我曾辭去工作，當個全職母親，一邊寫我最初的兩本小說。

幾乎只要是他醒著的時間，便陪他玩，拿著圖畫書對他說個不停，他一睡著，不是到廚房忙碌，便是趕緊抓時間寫作。那樣的生活，寧靜而充實。廚房裡擺滿了製作嬰幼兒食品的「小玩具」，有時把蘋果磨成泥，葡萄榨成汁，有時排骨湯熬營養粥、小魚熬莧菜，又或是水嫩蒸蛋、焗麵包、翡翠豆腐羹。嫂嫂來常嘆氣：「弄半天，就爲了他今天的一兩餐，吃那麼幾口，要我沒這個耐性！」但我忙碌得很快樂。

他不是一個好胃口的小孩，大概覺得吃飯浪費時間，他恨不得所有時間都用來玩（現在也是啊），把他放在高高的兒童座椅裡也沒轍。要嘛拿本小書給他，讓他翻著小書，不知不覺地把飯吃光光；要嘛得唱歌，他專注傾聽，我一首一首地唱、一瓢一瓢地餵。有一天大學同學莉芬和秋停來看寶寶，見識到這種吃飯的場面，那時還未生產的莉芬誠惶誠恐地說：「如果媽媽不會唱歌，那怎麼辦？」她問秋停：「妳給小孩餵飯時也得唱歌嗎？」秋停答：「我不會讓他們養成這種『壞習慣』的！」

我實在不是一個符合教養書裡強調的那種母親（虎媽？別開玩笑了！），自己本來就沒什麼紀律，甚至心裡是認同這小小孩的，是啊，玩多麼重要，那是小孩的天職啊。吃飯跟玩放在我的面前，我也選擇玩啊。但不吃飯怎麼長大？絞盡腦汁變換花樣，我已想不太起來當年做過多少五花八門的幼兒餐了。那時一空下來，滿腦子只想寫小說，思緒出入在廚房的繁瑣與虛構的人物世界間，我沒有把眞實的人生好好記錄下來，現在想來，總是遺憾。

而孩子就這樣長大了，沒有太意外地，成爲一個能夠專注於自己興趣的孩子，學吉他、玩攝影，都專心致志。他幸運地考上建中，音樂、攝影是他生活的重心，功課又得跟上一群與他智商相當的孩子，相較之下，「吃飯」眞是太浪費時間。人的天性，其實從小便看出來了。

公立高中學校沒有營養午餐，中午休息時間又僅有一個鐘頭；就像當年我辭掉工作陪伴他成長，這一次，我也沒有太大的猶豫，一聽到他緊張的午餐情況，便允諾他：「媽媽給你做便當吧。」

而這一次，我想要把爲他做便當的種種心思，勾連起自己成長的所有食物印象，以及留學生涯裡的廚娘時光，鉅細記錄下來，不願再遺失了。孩子對於自己最初的餐桌記憶究竟還留下多少，我不知道（他還記得媽媽一邊唱「火車快飛，火車快飛，穿過高山，越過小溪……」，然後把飯飯飛進他的小嘴裡嗎？），然而，這三年的便當，會是我們「同甘共苦」最有滋味的一段「食光」吧。

我常被朋友們叨唸：「妳太寵孩子啦。」我總是回答：「可是小時候，我爸媽也一樣寵我啊，有把我寵壞嗎？你說！你說！」威福相逼之下，誰敢說有啊。其實，一切是因爲我自己樂在其中。我是喜歡做菜的，過去龐大的工作壓力與寫作生活中，我自廢武功十年，重拾兵器，沾沾自喜。

有一回，一位旅美老師說起他現在的學生，有個大陸來的女同學，個性好強，「是那種非常聰明、不會做菜的女孩子。」我忍不住打斷：「老師，聰明的女孩子，才會做菜。」做菜需要研究、思考，然後運用想像力、聯想力，一如寫作。辛苦的現代婦女執鍋鏟，我們有方法，有效率，有原則，絕不是因爲魯鈍什麼都做不來，才來做飯的。

這本書的部分篇章是我在《人間福報》副刊的專欄「庖廚偶記」；全書完稿後，書名傷透腦筋，我一度想命名「十年不磨劍」，但可能會被書店歸類在武俠區；想過「煮飯花開了」，怕被擺進自然科普類。感謝遠流的主編，給了一個富於想像空間的命名——「庖廚食光」。「食光」，吃飯的時光，食物的光譜，也是吃光光的意思。書末附錄十六道家常菜食譜，大部分照片是這個便當的主人（C. C. Tomsun）拍攝，他是全程參與這本書的主角，也每天都把便當吃光光。

書寫過程中，有時我也搭配自拍的食物照片PO上臉書，得到許多回響。我想，如果我這一段在工作、家事的夾縫中，製作便當的樂趣、心得，能讓讀者在閱讀的興味之外，竟還能提供一些實用的信息，就眞是最美好、意外的收穫了。

卷一　十年不磨劍

什麼都能入菜，我的腦子被各種菜的組合盤踞，
奇異的是，目前為止，身心並不因此疲憊，
我甚且覺得從架空的十年回到了生活裡來。
孟子曰：「民非水火不生活。」無水火，百姓便不能過日子，
水火，主要用途便是炊煮之事。

回到生活裡來

和小說家駱以軍碰面談事，見我手上一大袋東西，他展現君子風度：「這什麼？要不要我幫妳提？」我向紙袋裡探頭，隨口說兩樣物品：「磨菇、干貝醬油露……」「哇塞，磨菇？」這傢伙該不是想成毒品？「明天的便當菜啦。」「便當菜？」

這該從何說起呢？兒子前年上了高中，大家都以爲我要「好命」了、要「享清福」了，眞相是，我得更早起來做早餐，這還事小；上學一星期，該校中午只休息一個鐘頭，但下午四點便放學，以便學生從事社團活動（咦，是這個目的嗎？），這下好，小兒這個「優雅的處女座」，凡事從不會爭先恐後，高中不再有營養午餐，等他去福利社買到飯，差不多也該上課了，更別提還想飯後休息一下。

怎麼辦呢？週末談起他的校園新生活，一切都適應良好，唯獨吃飯與午休無法兩全，眞讓人心疼。我一咬牙，脫口而出：「那媽媽每晚給你做便當好了。」口吻豪氣干雲，想想，這一做，就得三年啊！不料孩子大吃一驚：「那——能吃嗎？」哇哩咧，他爸爸說話了：「你完全搞不清楚狀況，你媽媽的手藝可是出了名的。」他仍一臉狐疑。

不怪他懷疑，除了偶爾學校同樂會要家長帶菜，我會烤個雞翅讓他帶去，或是偶然下個麵、炸個蝦、煎個牛排，他幾乎不曾見我做過什麼像樣的菜。我在孩子面前的形象已經固定了，是個整天看書、寫稿、看電視，即使進廚房，不是煮咖啡就是擠檸檬汁什麼的「小資」女性。有一回，哥的小孩見我拿著針線，回家居然大驚小怪對我嫂嫂說：「媽，姑姑會縫釦子耶。」嫂嫂回了他一句：「你姑姑什麼不會！」呃，在這些孩子們的眼中，姑姑什麼也不會！

我「從前」是喜歡做菜的，從小沒做過家事，但是出國念書那兩年，離開父母羽翼，嘴巴又刁，不做菜，無法生存。帶出國的兩本食譜被我翻爛，之後，有些思鄉的食物得靠冥想，比如油豆腐細粉、童年時母親常做的南瓜粥、父親拿手的大滷麵；有些食物得利用當地材料創新組合，比如獅子頭的餡料，煎成薄餅，夾生菜吃，最得同學們喜愛。婚後仍天天做，孩子出生，我在家一邊帶孩子，一邊寫小說。小寶寶不能吃大人食物，我每天為他熬營養粥，他卻眼巴巴望著餐桌上的炸排骨、醋溜魚……，這些，他當然不會記得了。

他上幼稚園以後，我便回到職場，下班到家已八點後，小孩若等我回來做飯，早餓死了，而先生回來得更晚，也得自己先去覓食。我先是找保母為孩子弄晚飯，等他大些了可自己去附近舅媽家，便在那裡包飯。作家舒國治聽聞此事，問道：「請問我們也可以去舅媽家包飯嗎？」已經很多年，我們一家維持一起吃早餐，午、晚二餐各自解決，週末則上館子打牙祭的生活型態。換言之，我「封鑊」已經超過十年了。

便當菜必須耐蒸，趁週末先滷個簡單的紅、白蘿蔔雞翅腿應急，其他菜色慢慢再想。雞翅腿先用蔥薑酒川燙，去了腥，再跟蘿蔔一起小火慢燉。熄了火，我夾一塊白蘿蔔先遣老公嚐。「寶刀未老！」他說。小孩在房裡聽見了忍不住吆喝：「爸爸在幫我試毒嗎？」真死孩子，我衝去他房間曉以大義：「自古聰明的女生都擅廚事，比如黃蓉。會武功的能做菜，會寫小說的就更行了，因為做菜需要想像力……」他放下手裡的武俠小說回頭看我：「那是說聰明的女生啊。」我到底是怎樣把這個孩子養大的啊？

以軍問我：「這些菜要做什麼？」「茄汁鮭魚排。」他表情困惑，我略作解說：「我週末買了鮭魚，還缺配料。剛剛下車先去超市找。晚上把鮭魚去骨，煎一下，再加磨菇、洋蔥，調一些醬汁燉煮，哪，干貝醬油露就是調醬汁用……」他吶吶回答：「帶這種便當，妳不怕他被霸凌？」（以下省略小說家敘述少時霸凌同學惡行一千字。）

茄汁鮭魚排成功奠定了我在孩子面前的信譽。「現在你相信媽媽會做菜了嗎？」他笑而不語。唉，吃，眞是收買人心的不二法門啊！連老公也變得興奮莫名，一副苦盡甘來的模樣。但我的挑戰才剛開始，一年五十二個禮拜，每禮拜五個便當，不考慮寒暑假的話，三年，我大約必須做七百八十個便當！我能變出多少花樣呢？我開始滿腦子都是菜，見到什麼都想到菜。

我想起國中時最喜歡的《未央歌》，童孝賢和范寬怡鬥嘴，小范說小童養的鴿子是菜，小童便說：「那麼梅吻若是菜，能在天上飛？」小范奇道：「什麼是梅吻？」「梅吻就是那盤在天上飛的菜！藺燕梅親過牠一下。」「藺燕梅親過的東西可多了。我看見過的就有玫瑰花，筆記本……」「那麼它們就都是菜！」才說著，大家下了車，蘭燕梅在車廂扶手上吻了一下，說：「謝謝它送我找阿姨來！」小范馬上對小童說：「蘭燕梅又做了一盤菜……」

什麼都能入菜，我的腦子被各種菜的組合盤踞，奇異的是，目前爲止，身心並不因此疲憊，反而有種回到留學生活的錯覺——那時，每天除了畢業論文，滿腦子就是想做的菜。我甚且覺得從架空的十年回到了生活裡來。孟子曰：「民非水火不生活。」無水火，百姓便不能過日子，水火，主要用途便是炊煮之事。

昨晚做了杏鮑菇雞丁、魚香茄子，冰箱裡還剩幾個做魚香的荸薺，今晚可以用來燒個獅子頭。做了獅子頭，還會剩些大白菜，那麼明天弄個白菜滷吧……。咦？這簡直成了食物的頂針格呀。

嗜讀食譜的人

有人email給我一系列生活好點子照片，其中一張，把平口大衣夾掛在廚具櫃把手上，幹嘛呢？夾著一張食譜，做菜就方便啦！哈，果然是個好點子。不過，對我不挺合用，我總不能把食譜一張張撕下來吧？

我是那種對生活工具書絕對尊重、倚賴的人。比如我出國會帶好幾本旅遊手冊。有一回在澳洲，開車循書找到一處開放牧場，牧場早已長草荒蕪，結束營業了。老公說：「妳的書，過期了。」育兒時，我找一堆育兒書看，是標準的「照書養」媽媽，很羨慕那種能履踐「照豬養」策略的人，但我做不出來；每天仔細記錄寶寶吃幾cc奶，孩子稍一厭奶，便慌亂落淚，遑遑不可終日，翻書找對策，《嬰幼兒營養食譜》派上用場。

如今爲孩子做便當，束之高閣的所有食譜全部請下架，堆放客廳茶几上，成爲

「茶餘飯後」主要讀物——本來那裡堆放的是《科學人》雜誌。

所有東西加上個「譜」字，總令人肅然起敬。

家譜是一個家族的樹狀史，這年頭小孩一上高中，歷史課先要他們做「家譜」，小兒還煞有介事拿著錄音筆去訪問他的祖父母，弄得我公公婆婆正襟危坐，關起房門，在他們孫子面前侃侃而談，這是他們這一生中，唯一的一次受訪經驗。後來兒子告訴我：「阿嬤講到以前的事還掉眼淚了。」

樂譜以符號記錄抽象的音樂，西方五線譜上豆芽菜跳躍，懂的人，看著那些芽菜心裡便有了旋律。我彈吉他用簡譜，只要認和弦就夠了。中國有工尺譜，以「合四一上尺工凡六五乙」這些字樣直接記音高，或者說唱名，比較接近簡譜。古琴則有專門的琴譜，一說「減字譜」，用一些漢字的偏旁部首記錄彈琴時的右手指法和左手弦位，這些偏旁部首看起來都熟悉，合起來卻不成「字」。

《紅樓夢》裡，賈寶玉看林黛玉手上的書，那些字有的像「芒」，有的像「芍」，細看卻一個也不認識，納悶說道：「妹妹近日愈發長進了，看起天書來了。」這有字「天書」就是古琴譜。舞蹈有舞譜，下棋有棋譜，用於描摹繪畫的也有畫譜，對我而言，那些更是天書了。

食譜不是天書，袁枚作《隨園食單》簡直可做爲國書。比如〈戒單〉這一章裡的引言吧：「爲政者興一利，不如除一弊，能除飲食之弊，則思過半矣。作〈戒單〉。」這是寫給爲一國掌廚者看的哪！

〈戒單〉第一條，「戒外加油」，說「俗廚」做菜，往往熬一鍋豬油，臨上菜時，澆上一勺，「以爲肥膩」，甚至燕窩至清之物，也「受此玷汙」，「而俗人不知，長吞大嚼，以爲得油水入腹。故知前生是餓鬼投來。」太好笑了，此戒放在強調少油、少鹽的今天，也大合時宜啊。別以爲現代人不會這麼做「俗菜」了，我就讀過許多食譜，在做法的一二三四五六，最後一條寫著：「淋上熱油，香噴噴起鍋！」

《隨園食單》上許多做法，今日確實仍具時效。就說〈特牲單〉裡的「炒肉片」吧。袁枚說，豬是飲食中的「廣大教主」，而古人有「特豚饋食之禮」，便以豬爲「特牲」，作〈特牲單〉一章。此章裡有「炒肉片」一條：「將肉精肥各半切成薄片，清醬拌之。入鍋油炒，聞響即加醬、水、蔥、瓜、冬筍、韭芽，起鍋火要猛烈。」多實用啊。沒時間做久燉慢燒菜色時，我按這簡單心法炒個肉片，便是一道便當菜。

今日食譜更不是天書了，多半還佐以明媚照片，看著就能分泌唾液。我手上的一疊食譜中，歷史最悠久的一本是出版於民國六十九年，蔡淑昭、陳雪霞合著的《速簡食譜》。蔡淑昭當年是中國文化學院家政系主任，這本書是該系師生與世界文物出版社合作的產物。那年出國念書，我從家裡胡亂抓兩本食譜，這一本太實用了，陪伴我度過兩年留學歲月，又飄洋過海回來。書哪來的？我也茫然，爸媽做菜從不看食譜，他們那一代根本沒這習慣。猜想可能是哥哥買來送給媽媽的吧，總之，媽媽是不看的。

因爲強調「速簡」，上頭的菜都不難做，食材也不刁鑽，滑蛋蝦仁、豉汁排骨什麼的基本菜，言簡意賅，最適合我這種「忙人」。即使整本菜色早吞下肚子裡了，還是會再拿出來翻翻，提醒我什麼菜很久沒有做過了，就像面晤老朋友。

我回國後在漢光出版社待過一陣子，食譜是漢光的重要資產，雖然我編的是文學類，當時帶回家的書，現在還會再拿出來看的，坦白說，就是食譜。近日還常翻閱的，則是一本四百多頁旗林文化出版的《傅培梅時間的美味中國菜》，記錄的食譜整整七百道，按主食材分類。我一週上超市買一次菜，要做什麼，前兩三天「心中有譜」，到週四常常就翻冰箱看看還剩下什麼，這時按著現有食材翻這本百科般的大食譜，往往能找到靈感。

但常使用食譜的人都知道，幾乎每一本食譜，至少會有一半以上是你不喜歡、不適合做的菜，而你想做的，書裡卻找不到。於是「Google」是我另一本雲端大食譜。幾乎什麼菜、什麼組合，在上頭都找得到。但網路資訊的問題在於菁蕪共存，沒有人幫你把關。最麻煩的是，書本食譜做菜時隨手往凳子上一擱，做一半，程序忘了，低頭看一下，一點也不礙事；但網路怎麼辦？iPad 放廚房多危險哪，被油噴，被水淹，被手肘一撞落地就完了。還是書本好，撿起來擦擦就沒事。我的食譜都被油濺得髒髒的，大家才知道我多認眞呢。

老外發明用衣夾夾食譜高掛，可以舉頭望食譜，我倒是很想把兒子的樂譜架搬來廚房，還可以調高度。

友情贊助

之前「揚言」爲上高中的兒子做三年便當——所謂「揚言」，是因爲寫在文章裡發表報刊，白紙黑字無可抵賴——簡單計算，扣除週末但不考慮寒暑假（寒暑假不帶便當，但孩子還是要吃飯的），約需做七百八十個便當，這事在朋友中引起多種反應。有人在臉書上殷殷叮囑：「一定要出便當食譜，嘉惠後人啊！」前輩作家廖玉蕙留言呼籲：「我們要睜著大眼看看瑜雯能撐多久！呵呵呵！雖說爲母則強，但七百八十個便當——嘿嘿，可不是個小數目啊！」當日我在臉書貼出新照，她改口道：「這張照片給人的溫婉感覺，確實好像可以做出七百八十個便當。」我回應：「做完七百八十個便當，我會再拍一張照片上傳……」

誓言爲兒子做便當，好像變成一種行動藝術——雖然許多母親早就一直這麼做——大概我的外表太無能，便有了令人驚訝的反差。監督者有之；問候者有之，比如通信時，第一句話先問：「這個禮拜的便當菜設計好了嗎？」；讚許者有之；更有一種朋友，貢獻私家食譜，或是努力幫我構想菜色。

詩人陳育虹常把小兒的便當大事放在心上，三不五時發 email 給我，「冬菇／黃豆芽／腐皮（冬菇爆香與豆芽／腐皮同炒，稍加醬油／糖）」，第一次收到時愣了一下，冬菇、豆芽、腐皮都入詩了嗎？有時來信只有菜名，「秋葵炒蛋（秋色可餐）」，做法須自己斟酌，這秋色可餐，便是心法了。我電腦裡特別開設一個檔案，檔名「虹食譜」。

有位大學男同學看了文章，在我臉書留言：「同學好命啊！我從結婚以來幾乎都在家開飯，自然也成了廚中能手，一度都想改行開餐廳了，只是小孩力阻私房菜外流，也就繼續樂當個業餘主廚。改天或許可以交換個筆記。」我一看，馬上端出恩人架子，要他想想當年，在中文系難道未曾受惠於我的筆記乎？「快！快把筆記給我，報恩的機會要趕緊把握！」這個私房筆記還沒下文，看來施恩不望報，古有明訓。

最令我感動的是好友芸英，她原就喜愛廚事。芸英並未提供食譜、筆記，也不口惠，她直接做來拿手的獅子頭、買來知名的培根給我，讓我方便加工使用。

我不常使用醃漬類加工食品，但也不是特龜毛、這也不行那也不吃的人。有好吃的培根，當然高高興興善加使用。培根炒高麗菜是極香的，還可以炒各種菇類；或者做培根蘆筍捲；家常豆腐也可助一臂之力。凡使用培根，那道菜便不再放油，先把培根煎香，油逼出來，再下其他配料。幾乎不用豬油做菜的我，唯有此時偶然地享受了豬油的葷香。

那使我憶起兒時吃過的豬油飯。通常是中午跑回家，只有我跟媽媽的兩人午餐，一邊吃著香噴噴的熱豬油拌飯，眼睛盯著電視上的布袋戲，扒完了飯，再跑回學校上下午課。長大些，家境稍好後，便不曾再吃過豬油飯了。想想也許跟家境無關，媽媽一定也有不想做飯的時候吧？

孩子年幼時我出來工作，他白天上托兒所，下午娃娃車把他送保母家，等我下班接回，我常說：「這個孩子是眾人接力養大的。」現在嚷嚷著爲他做便當，引起親友甚而臉友關注，結果還是眾人集體養大的啊。

吃，眞是收買人心的不二法門啊！
連老公也變得興奮莫名，一副苦盡甘來的模樣。
一年五十二個禮拜，每禮拜五個便當，
不考慮寒暑假的話，三年，我大約必須做七百八十個便當！

諾貝爾級便當

詩人陳義芝好意對我推薦「菜飯」便當，方便省時，冰箱裡有什麼加什麼，還能兼顧營養。我一直還沒嘗試，總覺得做便當行動才剛開始便尋思省事，之後要如何持續？這一招應留作急用，比如諾貝爾文學獎揭曉日，當晚須加班晚歸，便可派上用場。結果諾貝爾揭曉日到來，我中午興起，預先做好了便當，此招還是沒用上。向其他作家問起私房食譜，有人便諾諾說道：「我會的恐怕也是『諾貝爾級』的！」

一直還沒動手做之前，「菜飯」兩字卻長在我心。主要是「菜飯」這個詞很勾動一種小資情調。

國小時音樂課唱〈農家好〉，「農家好，農家好，衣暖菜飯飽……」那本來只是說有菜、有飯吃得飽，我卻老想著媽媽做的高麗菜飯。後來讀《儒林外史》，開篇第一回，王冕去幫鄰家放牛，那秦老便對王冕說：「我老漢每日兩餐小菜飯是不少的，每日早上，還折兩個錢與你買點心喫。」這書裡多次提到「小菜飯」，跟武俠小說裡動輒來幾斤肉、幾兩白乾，氣氛大不同，我直覺上便把「小菜飯」跟讀書人的飲食聯想在一起。當然，「小菜飯」指的是簡單的菜和飯，並不是把菜、飯和在一起蒸煮之意。

小時候，媽媽不想做菜就常以高麗菜飯打發我們。說「打發」，是因爲吃高麗菜飯時，桌上是沒有其他菜的；有時也可能是竹筍粥、南瓜粥、大滷麵、麵疙瘩，這些，我的大哥老爺一看到常垮下臉來。我二哥好胃口，媽煮什麼吃什麼，實際喜不喜歡我不知道。至於我，可能自幼便懂得察言觀色，有取悅人格，總是歡喜接受。

我其實有點挑嘴，小時候不吃的菜還不少，蔥薑蒜一律留在碗內，所以，應該還是眞心喜愛這類吃食吧。我對蘿蔔糕、鹹湯圓之類的點心充作正餐也都特別歡迎，跟大哥相反，他喜歡白飯，正正式式的幾道菜，像他做學問一樣一絲不苟，做他老媽、老婆的人也得一絲不苟，眞累。

長大後在各種餐宴上，尤其江浙館子，常在幾道菜後來一道菜飯，服務生爲每人分一小碗；做得好的，眾人讚美，更甚於前面上的大魚大菜。我心想：小時候媽媽打發我們的偷懶飯，到這兒變珍貴了。有的卻拌一堆生蒜瓣，感覺眞粗魯，營養也不能這麼吃！媽媽用少許蝦米或肉絲與高麗菜蒸煮的菜飯，回憶起來格外甜美。

這天我終於做了菜飯。蒜碎爆香小櫻花蝦，炒大把切段的高麗菜、紅蘿蔔絲，再連米拌勻，放進電鍋煮熟。這樣就好，蒸出來顏色漂漂亮亮的，一點紅絲就夠了。再做個香干肉絲、竹筍烘蛋吧，兒子跟他大舅舅有點像，不好養。我說嘛，做菜飯並不比較省事，一點也不諾貝爾！

大力士訓練所

我一定會變成大力士！我的手臂鍛鍊得愈來愈強壯了，做完這三年便當，再上場打羽球，應該會實力大增吧？

都說「治大國如烹小鮮」，其實廚房裡的事，在在需要力氣。

我以前習慣性把難開的瓶瓶罐罐交給老公、兒子，倒不是大小姐，既然住「男生宿舍」，一堆家事已經很頭痛又腰痠背痛，這種手痛的事，再不交給男生，那他們要做什麼？有許多罐裝醬料，連老公也常扭得臉紅脖子粗的還打不開，得拿出工具來撬，實在太難為女人。但獨自在家做菜時無法等待，甜麵醬、豆瓣醬用完了，非它不可，菜在爐上燒，就是打不開，恨不得把瓶子砸了，這才知道什麼叫「十萬火急」！還是得自立自強練力氣啊。

炒菜可以練臂力，翻動鍋鏟是需要力氣的，但三口人的小家庭，能炒多大鍋的菜呢？在我的經驗，最有效的鍛鍊是炒飯。

星期四經常是我們家的「炒飯日」。人口少，晚餐人數又不一定，每晚該煮多少飯很難拿捏，而且電子鍋煮太少的米，水分不易控制，寧願多煮一點，飯更好吃。剩的冰起來，每天留個一、兩碗飯，到週四再把前兩三天的剩飯收集起來，炒一鍋蛋炒飯。

用剩飯做的炒飯，一點也沒有將就之感，本來用冰過的飯來炒，不會黏著，更能炒出粒粒分明的飯。炒飯的各種排列組合，洋洋大觀，但我雖然炒了飯，仍然習慣另做一葷一素的菜，因此這炒飯就不需要太隆重的配料，十錦、蝦仁什麼的都不必，依家人喜好，最常做的是櫻花蝦或是火腿蛋炒飯。

我在外頭吃炒飯，最怕看到加入豌豆、玉米粒、紅蘿蔔雜七雜八的景觀，一看就知道是使用那種綜合冷凍蔬菜來炒，怎麼可能好吃？若是新鮮的紅蘿蔔加一點倒無妨。我喜歡色相清清白白的炒飯。

作家焦桐在〈論炒飯〉一文中論及炒飯裡的蛋：「先將蛋略炒再加進飯裡，帶著同床異夢的況味；這是笨方法。」不過青菜蘿蔔各有所愛，我實驗之後，還是喜歡笨方法。在各類食譜中，常把蛋液和飯充分攪拌炒出來的飯叫作「金包銀」，有蛋香而無蛋形，但我喜歡飯是飯，蛋是蛋，並不要「金包銀」的炒飯。

蛋攤炒起鍋備用。少許油，炒香一大把櫻花蝦，炒到乾香還未焦時先取出。再下點油爆炒蔥花，啊，我喜歡很多的蔥花，切細的蔥花分兩堆，三分之二用來爆香提味，三分之一等飯快炒好時才加入增色。小火炒香蔥花，如果是火腿蛋炒飯，這時候加入火腿丁，香氣出來了，放入冷飯和蛋，就是鍛鍊臂力的時候了。要在很短的時間內，快速把冷硬的白飯炒散、炒軟，鍋鏟須不停翻攪，對我這種實在手無縛雞之力的人是一大考驗。

我左右開弓，右手瘦了換左手，把飯炒散的同時，蛋也炒得極碎。整鍋炒均勻了，撒點細鹽和保留的蔥花再略拌炒，出落一盤清清爽爽的炒飯，白的白，黃的黃，點綴一些火腿丁和碧綠蔥花，漂漂亮亮的。盛起後，才把先炒好的櫻花蝦鋪上，如此可保持蝦的完整和香脆。

這時候，手眞的很瘦。我想到媽媽、婆婆都是大力士，廚房眞是最好的大力士訓練所。

玩樂之地與兵家之地

廚房是玩樂之地。

我開始做便當後，生活變得更加忙碌，關心的朋友忍不住嘆息：「好可憐噢！」但我自己並不覺得可憐，仔細想想，在僅有的一點晚間休息時間裡還願意做菜，且並不視為苦差事，最大的原因應該是做菜本來就是好玩的事吧。

席勒、康德的藝術起源「遊戲說」，放在廚藝裡我想一樣說得通。許多人都有過這樣的經驗，曾經熱衷「玩」某種東西，也許是運動、樂器、繪畫、書法……，或眞的是玩具，後來環境因素不便持續，直到有一天，時空改變，適合的因素回來了，重拾當年的興趣。此時人生有了些歷練，技藝雖然荒疏了，勤加琢磨後反而更上層樓的，也是常有的事。（啊，寫作不也是？）

覺得做菜是好玩的事，應該並不矯情，你看孩子的玩具，從幼兒時起，便有一堆廚房裡的傢伙。小菜刀、小砧板，分成三截以魔鬼氈連接的小蘿蔔、小高麗菜、小蘋果，讓寶寶練習手眼協調，切切切，放進小盤子裡。再大一點，一組一組的廚房用品，從瓦斯爐、冰箱到鍋碗瓢盆，「家家酒」玩具愈做愈逼眞。再大一點，男女玩具分道揚鑣了，男孩去玩變形金剛、組合軌道、小汽車，女孩有了芭比娃娃，然後要給芭比娃娃一整套廚房設備，讓芭比娃娃去煮飯……

我小時玩家家酒，經常是一人分飾多角，因爲是獨生女，常常跟自己幻想的對象玩。偶爾哥哥心血來潮才會陪我玩。小學還住眷村的時候，有一次媽媽發了神經，包下一個小販所有的芭樂——也不是發神經啦，一定是因爲便宜，家裡忽然有了吃不完的芭樂。一個無事的下午，只有我跟大哥在家，不記得爸媽、二哥到哪去了。外頭下著雨，沒地方跑，大哥陪我玩家家酒，拿眞的水果刀和芭樂來玩，把芭樂切成許多小丁，假裝是「企歸」（大黃瓜）。

「賣企歸湯喔！」我們拿一些小罐子假裝是醬醋鹽糖，做出各式各樣的企歸湯，互換著當老闆或客人。爲什麼是企歸湯？大概只是因爲綠皮芭樂適合假裝大黃瓜，而且家裡經常煮「企歸湯」吧。一個國中生要陪妹妹玩這種幼稚的遊戲，真是難為我大哥了，但那是我記憶中難得不是自言自語的一次家家酒，我玩得非常快樂。

那種單純的快樂記憶一定像顆種子一樣埋在我的心裡頭，一旦陽光、水分條件充足時，便冒出芽來。在國外生活時發芽了一次；辭職在家待產、自己帶孩子的階段再度萌芽過。而這一次，就像拿出塵封已久的老樂器，但心裡頭，有了許多呼之欲出的旋律（啊，外食生涯裡，吃遍多少的餐館啊），因此毫不猶疑便上手了。

有時覺得，站在廚房裡的我，其實仍然是那個拿著芭樂切切切，叫喊著：「賣企歸湯喔！」的小女孩。

廚房也是兵家之地。

我有個木製立體刀座，插滿兵器，大底分成切水果、切菜、切肉、切熟食不同大小的刀，另外還有一把厚重的雙人牌剁刀。有不同的刀，就有相應的不同砧板。切蔬果用、切海鮮用、切肉、切熟食四塊一組的小砧板，還分綠紅白藍四種顏色，切菜時，特別有辦家家酒的Fu。

但做菜當然有家家酒不會有的危險，既是兵家之地，難免就有燒燙切刺種種的意外，我最大的敵人是火。切菜、削果時，手持著刀，不忘提醒自己謹慎，意外較能避免。也曾剝蝦時被蝦頭尖刺刺傷，後來在新聞裡看到有人被活蝦刺傷，破傷風以至於要截肢，眞嚇死半條命，也就格外當心。而燙傷，常來得措手不及。忙亂中誤判鍋子把手的熱度、不小心碰著使用中的電鍋這些情況偶爾有之，也只能怪自己不小心；但有時燙傷是小心也難以避免的，譬如油炸的時候。現在手腕上就有兩個油噴留下的瘢痕，像兩隻小蝌蚪。

原則上我不太做油炸食物，不過有些菜的做法就是得先炸過取出，再進行下一步驟，乾煸四季豆、魚香茄子、三杯茭白筍、椒鹽牛小排、紅燒獅子頭……，都得先過油。在沸騰的油鍋裡投入含水的食物，要完全不噴不濺，實在困難。雖儘量把食物水分瀝乾、擦乾，買了長筷子夾取撥弄，還是無法避免油花四濺。

我二嫂的嫂嫂菜做得好又勤快，每年過年她回娘家都是嫂嫂掌廚，據聞媲美五星級餐館，一大家子吃得盡興還可打包。她就有句名言，沒被燙傷過，表示沒眞正下過廚房，那是喜歡烹飪必得付出的代價。她還曾經被油濺得滿頭滿臉，哭說自己毀容了。我一聽那怎麼行，我是絕不犧牲「面子」的，家人討論起來，戴面具、戴蛙鏡的餿主意又出來了。

現在我把食物投入油鍋時，一定把臉撇開，手臂噴到也就算了，臉是一定要顧好的呀。但熱油沸騰之際投食，臉還撇開，簡直千鈞一髮，像打仗似地；不然拿鍋蓋來擋吧，這就更像戰場上拿盾了，所以說廚房是兵家之地。

唉！

溫柔之必要

偶爾燙傷之必要

一點點藥膏和冷水之必要……

而既然做便當總得繼續做下去的

廚房裡老這樣總這樣……

那種單純的快樂記憶一定像顆種子一樣埋在我的心裡頭，
一旦陽光、水分條件充足時，便冒出芽來。
有時覺得，站在廚房裡的我，其實仍然是那個拿著芭樂切切切，
叫喊著：「賣企歸湯喔！」的小女孩啊。

節瓜節瓜，要我對你唱歌嗎？

如果不曾親身經歷一個時段的壞心情，便難以相信，「心情」這種抽象的東西，確實是影響食物美味的。

以往常聽到對植物說話，花草會長得比較好的說法，我其實是半信半疑的。但植物有生命，也許眞能感受愛，只是說不出口而已？讀韓少功《山南水北》，說他修剪葡萄葉惹惱了一株葡萄，逼出一樁驚天動地的葡萄自殺案；還說梓樹很弱智，當氣候略有變異，乍暖還寒，便把它們搞糊塗了，不知眼下什麼季節，又落葉又發芽的，「如同加棉襖又搖扇，有點丟人現眼」，我差點笑死掉。

好吧，我且相信，植物有感有情，並不是給了正確比例的肥料、陽光、水就一定能長得好。可是，食物……難道也要對它們說好話，才會好吃？

前一陣子，因時勢憂心忡忡，煩惱了一段時日。日子卻不會因我的憂愁而停下腳步，我每晚下班仍舊得打起精神，穿上圍裙，做晚飯和便當。怕自己心神恍惚出錯，許多菜還刻意攤著食譜一步一步照做，然而做出來的菜，吃起來就是不對勁。

這不可能呀，平常做菜，鹽糖酒醬隨意揮灑，有時失手，熄火了又重新開火，加鹽、加水或撒香料搶救，往往還是不減美味。文章可以修改，做菜也不是必不能修飾，除非是特別講究嫩度的菜色，那就沒辦法了——那像七步詩，七步之內要決勝負的。而便當菜，原本就是必須經得起重新蒸過的考驗，因此大部分是可修飾的菜色。然而，那段時間，菜怎麼做都不好吃！難道那些食物，眞能敏感地從我切菜的刀工、施放調味的手勢感受我的情緒，而決定要不要釋放出食物裡本有的膿肥甘辛？

我想起多年前一部美食題材電影《芭比的盛宴》。當年，那最後傾其所有完成的極致之宴，卻看得我瞠目結舌——那個鵪鶉塔，吃的時候要咬破鵪鶉頭……，我差點在電影院裡吐出來！不過，就別以今日時代氛圍與文化差異去看待那些菜了；它動人的是這個對人生已無熱情的芭比，在中了彩券、發了橫財後，如何以她自己的方式，對身邊一群灰色、壓抑，滿口上帝、實則相互暗鬥的人們所做無私的奉獻。她能做的，就是美食。美食的愉悅感撫平那些村民的心，輕易鬆開了所有的結。美食，療癒了那些村民，自然也反過來療癒了做菜的芭比吧？

我還是拿起碧綠油亮的節瓜。詩人許悔之教過我，節瓜切片，大火用XO醬快炒，這是他的私房菜，確實好吃。但我今天不要任何醬料，一點蒜瓣，幾片紅蘿蔔、黑木耳，橄欖油清炒，我要炒出它的清甜爽脆。

節瓜、節瓜，要我對你唱歌嗎？

美式廚房

柔和陽光打在長條小餐桌上，面對窗外藍天下幾棵棕櫚，我獨自吃吐司、喝咖啡，那是一天幸福的開場白。小餐桌就在廚房裡，有時攤本書一邊閱讀，比在房間裡讀書更有滋味。那房子我只住過半年，在LA的第二個學期；下學年我搬到較便宜的公寓，但心裡一直懷念著。

我八成有點崇洋，喜歡那點小資調調。孩子小時候，一度我的臥室陽台沒有種那麼多花，還有空間擺張小圓桌、三張藤椅，一到週末，便把早餐搬到陽台上吃。陽台正對著一個小湖，我們早餐可以吃上兩個鐘頭，看湖上的白鷺鷥，看春天的小黑鳥（一直不知道是什麼鳥）、初冬的蒼鷺，一邊天南地北地聊……。直到孩子上了國中，沒空跟我們慢條斯理吃早餐了，索性整個陽台種滿了花。

長期只做早餐的生活，忽然風風火火要開始做便當了，我想念在LA的美式廚房。可是先天條件大不同，廚房窄小，絕不可能擺上一張餐桌；有個小小的窗子不錯了，棕櫚、藍天就別想了。一個學期過完，跟老公商議趁著寒假整修一下廚房。

改變不了的格局只能將就，先從軟體著手，洗碗機、大烤箱，這是美式廚房的兩大指標。小冰箱擺不下幾樣東西，換個雙門大冰箱。接著——這是最有創意的地方了——冰箱與門之間的牆壁，還有一點狹長空間，請人訂製了一個格架，上半部是「書架」，下半部，右邊一格放個有蓋的長方型大垃圾桶，左邊一格則放置長方型米桶。常用食譜搬過來放這書架上，歸位整齊……，啊，見過有食譜書架的廚房嗎？然後，去IKEA買一個原木梯椅，一來方便我爬高拿櫃子裡的東西，而動手做菜前，經常先坐在那梯椅上翻讀食譜，心裡「有譜了」，再動手操作。

洗碗機其實一直都有，只是重新規劃它的位置。新婚時也做飯的，但我跟老公講明了，我喜歡做菜，可是眞的不愛洗碗。面對各式食材，思索如何整治，化平凡爲神奇，光是想像就能讓我起歡喜心，然而面對油膩碗盤，卻不由得煩躁，更重要的，我要保護我的雙手。我告訴先生，要嘛，你來洗，不然，就給我買洗碗機。他當然選擇買洗碗機！

有了大烤箱，做菜就眞的如虎添翼了。烤豆腐是我常做的一道。家常豆腐一盒，切片（約一公分厚），放烤箱裡二五〇度C烤十五分鐘，取出鋪上調好的醬汁：四大匙醬油、一大匙米酒、黑白芝麻各一小匙、黑胡椒半小匙拌勻，再放回烤箱烤十五分鐘便完成。在這烤箱運作的半個鐘頭裡，已夠我處理另二道菜，很快地便可以拿出三菜一飯。

有時烤Costco買來的波特貝勒菇，那眞是好大的菇啊。烤盤上抹點橄欖油，大香菇去蒂直接丟進去烤，烤軟了撒點鹽、黑胡椒就很可口。

有時烤肉片，有時烤白菜，最讓人回味的，還屬烤雞翅。以前寫過一篇〈幸福的等待〉，回憶每個留學生都會烤雞翅、烤蛋糕、烤馬鈴薯……，無所不烤，因爲一到美國，廚房裡最吸引人的東西就是瓦斯爐下那台比烘衣機還大的烤箱，不烤，對不起它。冬夜，坐在餐桌前讀書、寫報告，一邊守候著烤箱，那是一種幸福的等待。

有個週末，一大群同學聚在我們客廳裡，等著我的烤雞翅。雞翅最適合當消夜了，全雞瓜分起來太麻煩，而雞腿太大，一隻就飽了，只有雞翅，適合慢慢啃，慢慢聊，也許喝點亂七八糟便宜的酒，留學生嘛。我在廚房裡，聽見F說：「我烤的雞翅加一種獨門配方喔，你們猜猜看是什麼？」大家亂猜一通，先把辣椒粉、胡椒粉、五香粉……，所有的粉末猜一遍，香草、辣椒、蒜頭、生薑、蔥各種配料猜一遍，然後是沙茶、麻油、醬油各種油，最後再把米酒、紹興、葡萄酒……，所有的酒類說一遍，還有人說滷包的！只聽她像李國修說相聲：「不對——不對——」這時候，有一個不識相的男生M突然說話了：「奇怪了，她烤的雞翅那麼難吃，你們到底在猜什麼？」

我在廚房裡笑到肚子痛。一直到念完碩士、回到台灣，我始終不知道F的獨門配方到底是什麼，我只知道F始終痛恨著M，像李莫愁痛恨著陸展元。

小孩念小學時，偶有同樂會要家長贊助食物，他便要求我爲他們班烤雞翅，他說別的媽媽都是提供糖果餅乾蛋糕水果飲料，甜死了，大家都愛吃烤雞翅。那時我只有小烤箱，一清早就得起來烤，烤個五、六梯次才夠三十幾個發育中的小孩吃。啊，那時候就應該換大烤箱的呀！

我的雞翅沒F說得那麼複雜，同比例的醬油、清水，再加少許米酒、糖、白胡椒粉，多拍幾瓣蒜頭，吃辣的也可放一兩片辣椒；中間翻個幾次面，讓兩面色澤均勻，烤到收汁呈黏稠狀，很得小朋友歡心。

大同電鍋

我很早就會用電鍋。有時媽媽出門去趕不及回來，會要我先洗米煮飯，這是我唯一會做的家事。媽媽的教法似乎不大科學，她不是要我放幾杯水，而是把手掌放在米上，讓水淹到手背某處，煮出來居然恰到好處！有時媽洗好了米，出去一下，要我時間到了按電鍋，結果我玩瘋忘了，當然要挨罵……。我與大同電鍋，眞是從小就有一番愛恨情仇。

一定是「大同電鍋」嗎？一定是耶。出國念書時，便謹遵前輩叮囑，大行李箱帶了一口大同電鍋（後來發現華人超市也買得到）。大家都說，到每個留學生住處，只要數數廚房裡放幾個大同電鍋，就知道住幾口台灣學生了。除了煮飯，我們必然先學會利用電鍋滷肉、蒸蛋、煮香菇雞——這是留學生套餐基本款。功課一忙，沒有閒情守在爐子前煎煮炒炸，使用電鍋做菜最省時安全。

做便當的心情，與我的留學生活實在太相似，不由得頻頻回顧。下班後回來執鍋鏟，又累又趕，也像留學生活。短短時間要弄出二、三道菜，其中一道，讓大同電鍋來分憂，感覺輕鬆一些，而且這樣的菜，本身當然耐「蒸」。從營養的角度看，蒸物較不破壞營養，不油膩，不上火，電鍋發明者眞聰明。

有次在臉書上PO香菇鑲蝦漿爲主菜的便當照，旅美作家李黎竟也上來留言，說這個便當最大的優點便是：蒸了也不會走味。眞是內行！不過，廖玉蕙的留言卻語帶恐嚇：「這種高難度的也出來！你兒子壓力未免太大了，要如何才能報答親恩啊！」其實小孩子只管吃，哪知道它費工呢。

香菇鑲蝦漿的做法，蝦仁剁成泥調味、拌太白粉後，揉成小丸子塞在新鮮香菇上，放進電鍋蒸，這道菜可以讓便當進階豪華版。這蝦漿，同樣可以做高麗菜捲。當然不是天天有這種閒工夫，電鍋往往是用來應急的。經常蒸蛋不提，連蔬菜也能偏勞電鍋。比如蔥油茭白筍，比快炒更清爽。（做法詳見卷二〈我不喜歡黑點點！〉）

「蒸」的閩南語讀作「炊」，我眞喜歡這個「炊」字，有炊煙處即有人家，這字眼飽含家的溫暖。杜甫有朋自遠方來，「夜雨剪春韭，新炊間黃粱」，飲酒述說別後種

「蒸」的閩南語讀作「炊」，我眞喜歡這個「炊」字，
有炊煙處即有人家，這字眼飽含家的溫暖。
廚房裡祥霧掩擁寶塔般的蒸籠，迷濛氤氳著糯米的香氣，
回想起來，那是富足豐美、「炊金饌玉」的童年啊。

種，因爲「明日隔山岳，世事兩茫茫」啊。蘇軾也有朋友來，不似杜甫那樣感傷，他飛快地打掃煮飯，說：「城西忽報故人來，急掃風軒炊麥飯。」我平日煮飯，白米之外會加些五穀米或燕麥，也有「炊麥飯」的歡喜。

小時候，凡爐子上架起了一層層的蒸籠，母親「炊」著什麼，那必是要過年了。廚房裡祥霧掩擁寶塔般的蒸籠，迷濛氤氳著糯米的香氣，回想起來，那已是富足豐美、「炊金饌玉」的童年啊。

如今蒸籠在我手裡「失傳」了，但我希望小孩將來回想起帶便當的時光，能夠記得廚房裡那一只紅色的大同電鍋。

十年不磨劍

讀一本法國小說《結婚蛋糕》（白蘭婷．勒卡雷著，寶瓶文化出版），從一場熱鬧婚禮的始末，參與者各自的心情、故事，鋪陳愛情、婚姻、人生種種面向，諷刺到位，敘述也很迷人，不過，讀完之後，心中忽升起一個問號：那麼，這場婚禮的高潮——那個萬眾矚目的婚宴，他們到底吃了些什麼啊？沒有描述！我漏讀了什麼嗎？除了「結婚蛋糕」——奇怪的金字塔形，焦糖已融化，看來搖搖欲墜了，其餘描寫全在婚宴時所有人的行為、對話、穿著、打扮、各自懷想的心思……，就是沒說婚宴上了什麼菜！可惜啊，應該多一點食物的細節描寫吧，宴會是這本書後半部行進的主軸耶。

放下書，隔了一陣，我的心中又升起了第二個問號：什麼時候開始，我連閱讀小說都會注意這種事情呢？若是一年前讀這本小說，大概想都不會想到他們的婚宴裡吃了什麼東西吧？難道……「做便當」這個行為，甚至內化、影響了我的「文學觀」？

一時間，所有的書，都是食物！讀《這是一個奇怪的島》（史蒂法諾．貝尼著，木馬文化出版），眼球馬上捕捉到那怪島上有最美味的「披薩魚」，牠的學名叫作「瑪洛魯斯．奧利岡塗斯」，當夏天時，牠全身飽含著「莫札瑞拉起司」；島上還有種「廚房鶴」，這種動物在廚房裡很有用處，牠身上有濾勺狀的喙，牠的蹼掌，一隻是鍋鏟，另一隻爲平底鍋，牠的尾巴下面還有一只碗，可以在這裡直接存取一枚新鮮的蛋……，啊，我也想養一隻這種鶴。

讀《巴爾札克的歐姆蛋》（安卡．穆斯坦著，立緒出版），讀到巴爾札克的飢餓，讀到他自調的特濃咖啡——那讓他的創作維持在一種亢奮狀態，思想像戰場上的大軍一樣兇猛，回憶如潮湧至……，啊，我也想喝那樣的咖啡！

連上網尋找食譜，都會順便訂購一本叫作《收藏食譜的人》（遠流出版），雅麗嘉．古德曼的長篇小說。食譜送來，只隨意翻翻，倒是這本小說津津有味讀了起來。小說是好看的，它被譽爲數位時代版的《感性與理性》，其實男女主角互相對對方的觀感態度，更是《傲慢與偏見》的格律，珍．奧絲汀成就的愛情格律。然而更吸引我的，是書中對珍本食譜的描繪，以及種種描述食物的方式。比如：

「甜點無與倫比，香檳微帶嘲諷，宛如一個詞彙位於舌尖，方法學、慧黠聰穎，這詞彙你以爲已經遺忘，卻突然淘氣現身。羊皮紙。不可逆性。情婦。」

方法學、慧黠聰穎、羊皮紙、不可逆性、情婦——原來可以這樣形容香檳啊。

唉，影響所及，當然不會僅止於閱讀，從做便當開始，我整個生活節奏都改變了。

去年初跟幾位文友赴北京參加研討會，會議至週五結束，其他人都選擇多玩兩天，週日晚回台，只有我獨自週六便飛回來了。眾人紛紛勸導：「改一下班機啦，再玩一天嘛！」我只說星期日還有事，無法對眾人說出口的是，我一定要在星期日去買菜。

出差的這三天，第一天我做好了便當，第二、三天呢，叮囑老公晚上去山下一家快炒店買餐，仍給兒子準備便當。如此一來，小孩只是偶然換換口味，我週日買了菜，下一週生活便回到常軌了。但如果週日晚上才回來，就連下個星期，一整個禮拜都毀了！「那有什麼關係呢？」友人說。不是有沒有關係，是承諾。從我答應每天爲他做便當開始，承諾就是承諾。

一如孩子上小學時，我這個忙碌的職業婦女，每晚下班趕回家，極少在平日晚間應酬，文友邀約聚餐談事，我都約中午；在孩子十點鐘就寢之前，我至少要有兩個鐘頭陪伴他。那時他的晚餐有我親愛的二嫂照顧，我的陪伴主要就是一起吃水果、甜點，看看他的功課有沒有問題，陪他讀一段英文故事書或雜誌，也可能一起做美勞、聊聊天，到他國中時則可能一起看美國影集，我們反覆看《六人行》笑到不行。只有兩小時，對我而言珍貴無比。

做便當，初始當然也只意在解決他中午緊張的時間壓力，不必爲了去「覓食」、甚至「爭食」而搞得下午上課昏昏欲睡（也許還是昏昏欲睡？）。建中設備不錯，每班教室裡就有蒸飯箱，他可以悠閒午餐後還小睡一下。

一旦「洗手作羹湯」，便不會只求能果腹而已。先試做一些基本菜色，兩、三月後，「手感」恢復（畢竟十年不磨劍啊），不免精益求精，尋找食材、搭配、做法種種的變化。

先說食材，我到底還是職業婦女，要上傳統市場每日採買新鮮糧食，確實辦不到，世間有些事就是得將就現實，每個週末花二、三小時上大賣場一次購足才是王道。大潤發、Costco、頂好等「超級市場」輪著買，偶爾上一〇一、SOGO、微風廣場等「高級市場」找點進口新花樣，後來又發現了美福肉品甚佳。我阿姨知道我開始做飯，則有時上濱江市場為我補充鮮蝦、牛肉——因為找我表妹夫來裝修廚房，我開始做便當之事，在親戚之間也傳開了。

凡留學過的人都知道，每週採購食物，一向是留學生最重要的「休閒」活動。我當年剛去LA時不懂個中道理，自己又沒車，貪圖方便，有時寫一清單委託好心男同學代為採買。有一次，他只買回我要的三、四樣東西，低聲下氣說：「忘記妳要買什麼，我再帶妳去一次吧。」我不可置信：「不是有寫單子嗎？」「我拿一拿，單子不見了！」對話至此，我的室友們全部絕倒於地。以後他再跑腿時，眾人忙不迭叮嚀：「紙要拿好啊。」

不過以後我寫單子的機會倒不多了，上過幾次超市，便發覺了採買的樂趣——買回的大半不是腦海裡原有的清單。超市是城市生活的縮影，洛杉磯的華人超市，更是「小台北」的縮影，雖然那年頭出國容易，談不上鄉愁，看著滿架上熟悉的物品，包括統一肉燥麵、維力炸醬麵，還是撫慰人心的。現在重回每週採買食物的規律生活，留學生活點點滴滴不斷回到心上，那是我習做廚藝的開始啊，我說了嘛，我不是去念書的。

菜色的搭配不脫兩原則，第一是營養均衡，因此一葷、一素再加一個蛋或豆腐類便構成一餐。第二是一繁、二簡三道菜。先做最麻煩或是需慢蒸久燉的菜，如豆酥鱈魚、豉汁排骨、爛煨雞翅之類，主菜已安坐爐上或是電鍋裡了，再炒個青菜、燒個豆腐便完工，如果前兩道菜都繁瑣，那麼第三道就煎個蔥花蛋甚至荷包蛋湊數。只要前一夜先想好菜單，該退冰的退冰，一下班回家，穿上圍裙，便可按部就班，大致費工一時許。大原則下有小原則，比如不耐放的蔬菜要在一週開始先使用；葷食類海鮮、肉類要間隔著做，才不膩。

然後是做法，那就是手藝了。手藝最難概述，袁枚《隨園食單》從須知單、戒單、海鮮到茶酒洋洋灑灑十四章，我不過做幾個便當豈有資格論說？不過，某些美容專家說的「沒有醜女人，只有懶女人」，這說法我覺得還須商榷，真的太醜，也很難化腐朽爲神奇吧？做菜卻是用心一定有收穫。況且，食物本身大部分都是天生麗質的，只要不把它「弄難吃」。

以前我去德國跟大哥大嫂生活過兩個月，我大哥對德國食物有句名言：「怎麼難吃怎麼做！」那時我哈哈大笑，現在，這卻是我戒單裡的第一戒。也就是說，只要選擇天然的食材，不「胡搞瞎搞」，把好好的東西弄難吃了，普天之下的食物，都是大自然的饋贈，本都是美味的。

虔敬之心對待，自然能做出好吃的菜——這是心法。實踐之道，每一道菜都須在內心琢磨了才下鍋，連蔥花蛋也不馬虎。沒碰過的食材，一定先把它的特質研究清楚才動手，不自作聰明；熟稔的菜色，則經常思索變換配菜和香料。也許有朝一日，我能閉著眼睛也做出好菜吧？那是化有招爲無招的上乘功力了，我還早。

小兒最初聽聞我打算做便當時，滿懷狐疑，如今他連週末也不想上餐廳，說：「現在覺得外面的東西都很難吃！」也眞是狗腿得……撫慰人心啊。

小狗與廚房

多年前我們家養過一隻喜歡吃水果的北京狗「娃娃」，那時牠的伙食由爸爸負責，老一輩不像我們什麼都不敢給狗吃，牠胡亂吃，胡亂長大，奇的是對肉興致普通，卻最愛吃水果。芭樂、蘋果、葡萄、蓮霧都吃，不吃楊桃。有次大哥同學來，爸媽好客，在廚房裡忙進忙出。娃娃先吃了飯，叫個不停。哥的同學疑惑問我：「牠在叫什麼？」「要吃東西啊。」他指著空碗：「牠不是吃過了嗎？」我說：「附餐還沒上。」牠要我爸趕快上水果啦。

那隻娃娃脾氣很大，尤其討厭別人動牠的「飯碗」，即使牠吃飽了，去拿牠的空碗還常被咬，我一直懷疑牠有躁鬱症。我現在好命了，養到一隻乖巧撒嬌溫柔可愛的小狗，簡直像中了大樂透。尤其孩子長大，不黏我了，小狗滿足了我過多的母性。這隻迷你種馬爾濟斯，有很多小名，我最常喚牠「寶寶」，牠只有一．七公斤。

家有小狗跟家有寶寶的情況，有許多相似之處。比如每天早晨老公出門，小狗依依不捨，發出嬰兒般的嚶嚶之聲，我便抱著牠說：「爸比要上班賺錢哪，才有錢錢給你買西莎啊。」有位出版社編輯聽聞此事大驚：「怎麼跟我婆婆講的話一模一樣！每天早上我出門上班的時候，小孩哭鬧不讓我走，婆婆就說：『媽媽要上班賺錢，才有錢錢給你買服服、奶粉啊。』」

小狗與寶寶確實有許多相似之處，尤其是在廚房裡。猶記得小孩幼時沒幾個月大就開始厭奶，弄得我緊張兮兮，還曾經因爲他奶吸得太少而坐在床上悲傷落淚（現在回想，可能是產後憂鬱吧）；然而當晚餐煮好，他倒睜著骨碌碌大眼睛看著桌上的香酥排骨，好像在說：「我要吃那個！」現在這隻「寶寶」也常常不肯好好吃飼料，卻對我們的食物充滿興趣。

有天做三杯雞，盛起時不愼滴了一滴醬汁在地上，寶寶衝過來，我火速拿抹布擦拭，還是被牠舔到了一口。地擦淨之後牠非常失落，在附近聞來聞去，尋找那「失落的滋味」。喔，「三杯」雞者，指的是一杯米酒、一杯醬油和一杯麻油，以此煨成的雞塊料理，不放湯水，那原汁原味當然濃郁誘人。寶寶只吃飼料，從未品嚐人間美味，這一舔還得了，此後我一做菜，牠便在身邊繞，簡直守株待兔，看會不會天外再飛來一滴。告訴牠沒有天天過年的，小狗怎肯放棄。

這不行，煮菜時熱湯烈火的，有隻小狗在腳邊纏繞，一不小心，那可是水裡來火裡去！趕又趕不走，我只好把牠放到客廳圍欄裡。我平常是不關牠的，牠太震驚了，汪汪汪抗議，只好再把牠抱起來，放餐椅上，椅子面對著廚房，讓牠視線看得到我，這才安心了。現在我每天做飯時，牠便靜靜坐在餐椅上「欣賞」我在廚房的身影，我有時轉頭對牠說說話，讚美牠：「眞是小乖寶。」

咦，以前「小乖寶」都是用來稱讚兒子的。我亦想起兒子幼年時，我做飯時間一到便把他放在幼兒圍欄裡，一樣是拉到視線看得到我的地方。他自己玩，不時抬頭看看我，眞的好乖。我不停說著：「眞是小乖寶。」

小狗與寶寶，眞相似。

時間感

從《隨園食單》裡找菜色、找做法，最容易發生的困惑是其中描述的時間感。比如他寫雞蛋，「凡蛋一煮而老，一千煮而反嫩。加茶葉煮者，以兩炷香爲度。」一煮而老，一千煮而反嫩？煮多久算是「一千煮」？阿婆鐵蛋是幾萬煮？「兩炷香」又是多久？這些，當然只有「意會」了。

從前過年前最常跟在媽媽身邊，一邊幫忙，一邊「試吃」。她用大蒸籠炊一碗一碗的發糕，會順便用小湯碗蒸個迷你小發糕給我。到底蒸多久才會「發」呢？她眞的是全憑感覺，沒見她看鐘看錶，也儘量不去掀蒸籠蓋，她說那樣會發得不漂亮，「發」不發可是未來一年很重要的兆頭，不能破壞。我想她是從蒸氣的「氣勢」來判斷？媽媽的發糕從沒失敗過！

有些食物我也懂得憑感覺，有些卻非得遵守「規定」，比如烤蛋糕。留學期間，寒冷的冬夜，按著超市買來的蛋糕粉做法，一步步照做，烤盤香噴噴的蛋糕出來，請左鄰右舍來每人分一塊，眞是幸福時光。那時會把功課攤在餐桌上做，守著烤箱，免得遺忘烤焦了。水煮蛋更是分秒必計，我是不大相信一千煮反而就又煮嫩了。

有段時間喜歡逛家事用品，可那時根本不做飯啊。人眞怪，就像有回一大家子約了去游泳，我浴巾、毛巾、洗髮精、吹風機……，帶了一大袋，二哥一看說：「奇怪了，我一條泳褲就夠了，怎麼不會游泳的人帶這麼多東西？」我喜歡美麗的餐具、杯子、湯匙、圍裙……，這些東西都給我歲月靜好的幸福感。在幾乎不做飯的那段時光，卻沒停止添購這些器皿。

還買過好幾個造型各異的定時器，鳳梨、番茄、小魚，雖不做飯，早餐還是要做的，定時器用來計算做鬆餅的時間、煮蛋的時間，還有，計算泡澡的時間、做體操的時間、彈琴的時間……。感覺生活不斷地歸零，我很喜歡定時器。

不過，那些外型可愛的定時器，時間到了「鈴」一聲就完了，一時走開或是爐子上正大炒、油炸，抽油煙機聲大作便根本聽不見；且不精準，特別如果只是兩、三分鐘的情況，誤差不小。先生聽我抱怨，笑說那種發條定時器根本是玩具，馬上幫我去

時間感 75

買過好幾個造型各異的定時器，
用來計算做鬆餅的時間、煮蛋的時間，
還有，計算泡澡的時間、做體操的時間、彈琴的時間……。
感覺生活不斷地歸零，我很喜歡定時器。

買了個具備馬錶功能的電子計時器。

起初我是不滿意的，「太醜了啦！廚房裡的東西，就得長得像番茄、蘋果啊。」湊和著用一陣子便倚賴它了，燉肉、燒魚時設個時間就能放心去做別的事，時間到了它會嗶嗶嗶叫到妳去把它按掉爲止。再看它四四方方的樣子，老老實實，很管用啊。

烤個咖哩白帶魚吧。白帶魚撒上鹽、胡椒粉少許，擱置片刻，吸乾水分，撒上咖哩粉一大匙、中筋麵粉兩大匙（怕粉末裹不均勻的話，可以用個塑膠袋，把魚一起放進去，搖一搖便成了）；烤盤薄薄抹一層橄欖油，放進烤箱，二四〇度C，設一下定時器，十五分鐘後取出，淋一點醬油。這做法也可烤多利魚、鯛魚；也可加馬鈴薯（切片）同烤。

眞味只是尋常

廚房門上有兩個布告板，一個應兒子要求寫上「今日特餐」；不過平常做菜已經手忙腳亂了，哪有閒工夫，買來幾日，就經常停留在同一個「頁面」，通常只有週末時心血來潮拿起板擦、粉筆更新板面。

最近一陣子沒寫菜單了，二哥來喜歡站廚房門口唸一遍：「清蒸龍蝦、花雕雞、清炒花椰、干貝蘿蔔排骨湯……，你們每天吃這種東西喔？」嫂嫂說：「你乾脆來妹這裡搭伙吧。」二哥看了旁邊另一個布告板說：「我不要，我來可能沒東西吃，妹還叫我做這個布告欄上的事情。」

那另一個布告欄，專門記錄老公答應幫我或兒子做而老是沒做的三件事。這塊板子我也不常更新，這倒不是懶惰了，而是他「老是沒做」啊。我每天早餐時，大聲朗誦這三件事，讓他三省吾身。

這天照例朗讀：

一、印表機裝了乎？（他要幫我換新印表機，買了兩個月，始終沒裝上。）

答：還沒。

二、菜瓜布架裝了乎？（3M 無痕用品，他手勁大，由他裝的都不會掉下來。）

答：還沒。

三、找櫃子鑰匙乎？（兒子要。）

答：找到了！

啊？我和兒子面面相覷：「他——他去找了耶！」兒子哎喲一聲：「這可得記載在家譜上。」我說：「他這就光宗耀祖了！」

不過，那久未更新的「今日特餐」被二哥一唸，我倒眞的心虛起來，趕緊擦掉，換一套當天的新菜色，又不是整天在吃龍蝦，何況兒子下過禁奢令的。

有個週日去美福買了特價鮑魚回來，當晚試做了鹽烤，裝便當時順手放了一枚進去。第二天兒子告訴我，不要帶太奢侈的食物去學校，同學看了不好。喔，他說得不錯，是我思慮不周，便隨口問他：「同學會看你的便當嗎？」「會呀。」老天，我的壓力更大了！

我想起他國三基測前不久，腳底蜂窩性組織炎住院一週，把我們急死了。他卻氣定神閒，靜靜在病床上看書，中午吃醫院餐時還自顧笑起來。問他笑什麼，他說：「想到現在學校裡，我同學正對著營養午餐，吸口氣說：君要臣死，臣不得不死！」我也噗哧笑出來：「你們這些死孩子！」但那「營養午餐」有多難吃可想而知，可憐他從國小一路吃到國中，也沒跟我抱怨。等我開始做便當，有朋友問：「他眞的願意乖乖帶便當？」「喂，太小看我了！我的便當很好吃好嗎？」

我絞盡腦汁搜尋食譜、改進廚藝，卻不曾想到，孩子長大了，在同儕間有不同的壓力，「不要太奢侈」是他給我的建議。「怎麼樣算太奢侈？」他笑一笑：「光是帶牛肉，他們就會叫『吃那麼好』了。」「牛肉也不行？」「其實平常還好啦，同學只是喜歡亂開玩笑，但是龍蝦、鮑魚就眞的太過分了。」「我可沒有給你帶龍蝦！」

好吃的食物只在尋常，尤其便當食物須耐蒸，一年多做下來，更確定了最恰當、最耐吃的便當菜，眞只是家常菜。

卷二 陶淵明種的是什麼豆？

熟稔廚事，才懂得食物的真滋味。
食物本身大部分都是天生麗質的，只要不把它「弄難吃」。
虔敬之心對待，自然能做出好吃的菜——這是心法。
實踐之道，每一道菜都須在內心琢磨了才下鍋，連蔥花蛋也不馬虎。

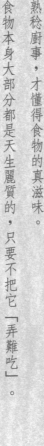

荸薺

有人在討論區哀號：「眞的沒有比較方便的辦法嗎？」底下的回應：「你用啃的吧！」這是討論荸薺該怎麼削皮，我闔上iPad，眞的拿它沒辦法呀。

做菜時的常備作料，除了蔥、薑、蒜，還有一樣，我上超市常會帶上一小包，那就是荸薺。做獅子頭或各種鑲肉得用它；「魚香」菜系裡，魚香茄子、魚香烘蛋、魚香肉絲都派得上用場；它還跟豆腐、雞丁、蝦仁等等食材合拍。因爲質感脆爽清甜，在蔬果中獨樹一格。所有軟爛的食物，碎肉、豆腐等等，跟荸薺配在一起，口感便有了層次；一灘調味醬料裡，有了碎荸薺藏身其中，便不致黏乎乎面目模糊。

荸薺讓我想到國樂裡的三弦，三弦音色尖銳明亮，有些現代民樂改用音色較柔和的中阮取代，然而江南絲竹及一些地方樂曲，一旦少了三弦，我便覺得少了什麼，它特別突出，卻又不可或缺。荸薺之爲用，亦是如此。

不過荸薺這個小東西，處理起來有點麻煩。荸薺是球莖，在超市裡買到時多半上頭還帶土。洗淨露出平滑的表面上，卻有一圈圈環節，形狀多半不規則，且有鳥嘴狀的頂芽、側芽，拿削皮刀削它，兩三下便會遇到「癥結」，先跳過，之後再拿水果刀鑽之、挖之，眞是耗時間。

一定有比較簡便的辦法吧？上網 Google 看看，哇！還眞有不少人討論這個問題。多半說身體用削刀，頭尾用小刀，這不是廢話嗎？有說「配製二〇%的氫氧化鈉溶液，加熱至沸騰後投入荸薺，處理四至五分鐘後撈出，在清水中搓擦，並加入二%鹽酸中和六分鐘……」這……還能吃嗎？有教人用啃的，也有人非常認命地說：「只能用小刀慢慢削。」還有人寫道：「用小的瓜刨刨。」瓜刨刨是什麼東東？再 Google 圖片看看，那是大陸說法，就是那種有小孔的刨絲刀啦！看來最笨的辦法，仍舊是最好的辦法，人生多少事，一如處理荸薺啊。

荸薺又稱馬蹄，是因爲形似而得名。我每吃港式點心必點馬蹄條。多年前在美國念書，心情一煩就想弄吃的，手邊兩本食譜早已翻爛，想吃點不一樣的得靠冥想。有一晚硬是想吃馬蹄條，非吃到不可，簡直像懷孕？也對，生產論文，就像懷小孩。自己胡亂配方，把荸薺切碎，櫃子裡找出地瓜粉，調點牛奶、砂糖，拌勻了放大同電鍋裡蒸（大同電鍋眞好用啊），蒸熟凝固後切塊，再裹薄薄的麵粉糊炸。啊，我至今還記得冬夜裡幾個室友搶食那一小盤黃金馬蹄條，連記憶都是溫暖油亮的。後來我查書，原來馬蹄條用的是馬蹄粉，上哪買喲？地瓜粉加鮮奶，眞的也不賴。

我也喜歡荸薺在古代的說法，叫梟茈，這名字眞美。梟（音服）是野鴨，茈（音慈）是一種紫草，根皮紫色，可作染料。我不知道荸薺古稱梟茈的原因，是否因爲它身上那鳥嘴般的芽，加上棗紅的皮色？總之梟茈這名字美，比荸薺、馬蹄都美，給人豐富的聯想。

陸游的〈野飲〉詩有「梟茈小甑炊，丹柿青篾絡」之句，說春雨行路難，但是野外孤店裡，尙有村酒可小酌，梟茈在瓦甑上炊蒸著，青色竹籃裡還擺著豔豔的紅柿子呢。人生本多憂患，「野飲君勿輕，名宦無此樂」，這簡單的野飲您不要輕視，高官名宦卻難得此樂啊！看來，南宋時候荸薺的吃法，就是簡單的炊蒸，想來也滿好。把削好的荸薺放瓦甑裡炊，滿室氤氳的蒸汽，在春寒料峭裡眞是潤澤人心，而我還記得做馬蹄條時，第一步蒸熟和了水、粉的荸薺，揭開電鍋蓋的一剎那，那清香呀。

鳧茈也作鳧茨，不過「茨」原是指茅草屋，在這裡很可能是因爲與「茈」同音通假吧。北宋鄭獬有〈采鳧茨〉詩，以採挖鳧茨表現民間疾苦：「朝攜一筐出，暮攜一筐歸。十指欲流血，且急眼前飢。官倉豈無粟，粒粒藏珠璣。一粒不出倉，倉中群鼠肥。」

鄭獬的詩口語質樸，很容易懂，他的個性可以說人如其詩。他是狀元出身，年少便有才名，歷仕仁宗、英宗、神宗，幾度上疏諫言，也曾因耿直得到皇帝的重用，卻不免開罪群臣。到神宗王安石變法，他不肯用新法得罪了王安石而遭謫貶，猶不放棄進諫青苗法對百姓之害。青苗法原意是由政府放款，在青黃不接時救濟百姓，政府則可酌收利息，增加稅收。但實際執行上，許多地方官爲了「績效」強迫百姓向官府借貸，且隨意提高利息，甚至額外強加各種名目的勒索，成了政府作莊的高利貸。鄭獬不忍百姓苦不堪言，告病辭了官，這可是「爲政策下台負責」的古訓。他過世時，家貧子弱，窮得無錢安葬，棺柩停在安州的廟中十餘年，直到後來他的好友任職安州，才讓他入土爲安。

鄭獬爲貧民寫〈采鳧茨〉，可知那年代，鳧茨應是吃不起米飯的窮人充飢之食；

詩末句「倉中群鼠肥」，就像《詩經》裡的〈碩鼠〉，譏刺上位者的尸位素餐。

但說眞的，古來窮人的種種吃食，到現在都成爲養生者眼中佳餚，地瓜粥、雜糧飯、種種野菜都如此，而荸薺，後來有「江南人參」美譽，止渴、解熱，且因爲含磷，還能促進生長發育，營養價值甚高。這是大自然默默給予貧窮百姓的饋贈吧。

荸薺，荸薺，我不放棄，再打開 iPad 問擅烹飪的朋友：「妳都怎麼給荸薺削皮？」

「幹嘛削皮，超市有賣削好的呀！」

芋頭

檢討改進是必要的，便當做了一陣子，我問兒子，哪些菜色特別喜歡？有沒有無法忍受的菜？他說了幾道特別欣賞的，無法忍受倒沒有，「但可不可以不要帶芋頭？」呃，芋頭。

孩子從小不喜歡吃芋頭，以前吃雙聖冰淇淋，強力推薦他吃芋頭口味，他敬謝不敏，也不吃芋頭蛋糕。趁著做便當嘗試闖關，總以爲那是因爲他沒吃到好吃的芋頭，「你不覺得媽媽的芋頭燒雞很好吃嗎？」我的芋頭燒雞，雞腿肉先用紹興酒醃過，爆炒後跟芋頭用高湯燒，香的呢。

「雞沒問題，但我就是不喜歡芋頭的味道。」

唉！我眞的嘆氣了，因爲芋頭是這樣好吃的食物啊。我媽媽最喜歡的食物大概就是芋頭了，還可相提並論的是菱角，我爸笑說：「都是澱粉，難怪會胖！」這一點我完全肖似母親的口味。常聽到一些名人鼓吹戒澱粉節食，他們吃肉、蔬果而不吃飯、麵所有澱粉食物，宣稱可減肥，我若照做，一定餓死。

我雖然從小五穀不分，芋頭的樣貌卻清楚得很。國小五年級時從暖暖搬來南港，新家廚房外是一片小山坡，幾棵番石榴、香蕉，地主不知何許人，那些果樹看起來有點自生自滅的樣子，顯然都野化了，結出的番石榴又小又硬，一看就很難吃。不過，二樓陽台望出去，那幾棵香蕉樹的大扇葉，倒可滿足我「早也瀟瀟，晚也瀟瀟」的文學想像；而從樓下廚房的窗口外望，視野所及，是一片荷葉般的野芋。一把把芋葉傘下住著不少青蛙吧，夏天常聽見蛙鳴。

那是野芋啊，偏偏我外公不死心，經常站在廚房窗口張望，終於有一天按捺不住了，他去割了一把回來，堅稱那芋葉的莖可以吃的。他說那葉面是「霧的」不是「油的」，不是姑婆芋，是芋頭沒錯。親戚們圍著那一把芋葉莖討論起來，他們叫它「芋環」，似乎窮的時候都吃過，一定是各個憶起了它的美味，最後眾人做了用酒糟紅燒的決定。

媽媽半信半疑地取出甕裡的酒糟，認眞調理了那道菜。切成段、紅糟的芋葉莖乍看略像茄子，我跟著大人吃了一口。很好吃，它比較有彈性，不像茄子那麼軟爛，但是吞嚥之後，喉嚨有點癢……咳咳……，我馬上就不碰了。大人們說，是芋沒錯，但是，那一整盤好像倒掉了。因爲它也野化了嗎？還是太老了？總之，再沒有人去打那片野芋的主意。

芋頭眞是奇怪的東西，古時候把大的芋頭叫作「蹲鴟」，蹲伏著的貓頭鷹，眞有趣，而我記得媽媽描述芋頭時也很擬人化。她削芋頭時戴著手套，她做事從不戴手套的，連刷洗紗窗也不戴，嫌麻煩，卻怕那芋頭。她對我說：「芋頭會咬人！」靜置在流理台上的芋頭會咬人？我奇道：「它——怎樣咬？」俯身端詳，芋頭環狀的粗糙表皮有許多疙瘩，是那些疙瘩像小嘴似的咬人？像章魚般張開吸盤似的嘴黏附人的手？媽媽說不清，只叮囑我：「別碰！」彷彿它眞會對我張嘴似地。

後來知道是因爲草酸鈣和水溶性蛋白質之類的成分交互作用的結果，皮膚接觸會感到痛癢，從前人不明就裡，便說它咬人，眞當它是鴟梟呢。我沒被芋頭咬過，超市有賣眞空包裝的切塊芋頭，處理得漂漂亮亮，眞適合我這種戴了手套再拿菜刀，可能連手指頭都不見的人。

我平常不愛軟爛食物，在德國住過兩個月，最稀奇的是他們把許多食物搗成泥，連菠菜也難逃毒手，又不是嬰兒食品。我問在德國讀書的大哥：「德國人的牙齒都很糟嗎？」但芋頭例外，芋頭天生適合搗成泥。芋泥怎麼做都好吃，捏成糰炸甜芋圓最常見；加肉餡、蛋黃可炸成丸子，港式飲茶裡稱「芋頭酥」；加紅棗、冬瓜、白芝麻、桂花露等則可做八寶芋泥。據說李鴻章曾宴請洋人吃這道甜點，而且那還是個報復性的「鴻門宴」。

李鴻章出席洋人宴會，有一道小碗冒煙的「小菜」，他拿起湯匙，本能地用嘴唇稍微吹一下，引起洋人大笑，原來那小菜是冰淇淋。李鴻章不甘受窘，下次回請那批洋人，便讓廚子備下可口的八寶芋泥，擺在雅致的瓷碗上。芋泥緊實，剛蒸熟的芋泥熱氣不竄，客人們毫無警覺，拿起湯匙一舀便往口裡送……，下場可想而知。這故事不知眞假，不過會廣爲流傳，總含有某種民族情緒吧；若是眞的，李鴻章也太小心眼啦。

我有個手藝出眾的阿姨。她在幼年時因爲我外婆的妹妹沒有孩子，過繼給了她。阿姨的父母卻是我的姨婆、丈公，小時候我對這複雜的親屬關係頭昏腦脹。我外公是福建常樂人，年輕時隨軍來台。我一直沒弄清楚是怎樣的一支陸軍，在民國二十幾年就來到了台灣。「丈公」則是本省人，而且做過總鋪師（大廚），做了他女兒的阿姨也習得好手藝。每年過年他們家席開三桌，因爲她生、養父母兩邊的親戚都招呼，所有菜她一手包辦。我最喜歡她做的炸芋圓，每到她家吃飯，大魚大菜不稀罕，就盼著這一道，沒吃完的還打包。我親愛的小孩怎麼不懂得欣賞芋頭的香呢？

我是不喜歡勉強人的，尤其在吃這件事上，我不吃的東西也討厭別人勉強我；只能以「養生」勸說：「芋頭含有多種微量元素喔。」小孩一聽「微量元素」就笑了，一臉「妳理化爛得要死，還知道什麼是微量元素」的表情。「帶少一點。」他勉爲其難。好啊，這算不算闖關成功呢？

花非花

便當裡的蔬菜必須耐蒸，在我看來，耐蒸排行榜第一名非花椰菜莫屬，白花椰、青花椰分居一、二，白菜、高麗菜可排三、四位。我的運氣不錯，以上幾項兒子都喜歡，重複吃也不抱怨。我儘量變換做法，以白花椰來說，它可以炒金鉤蝦、肉絲、干貝、花枝，還跟所有蕈菇類以及紅蘿蔔都搭得起來，冰箱裡有什麼放什麼。我最喜歡的組合：蒜片炒白花椰、青花椰、紅蘿蔔片，是一道美麗的食蔬。

花椰菜營養豐富，蒸了又不會變色、糊掉；而且還耐放，尤其白花椰，在冰箱裡待個幾天不會壞，眞是便當族的救星。我若是漫畫家，就會爲它畫一頂皇冠戴上，花椰菜如果擁有臉書，一定許多人上去按讚吧。

不過，我跟兒子略有不同，他較喜歡的是胡蘿蔔素含量更高的青花椰，乖！上西餐廳時，他不喜歡吃生菜是個麻煩，幸虧大部分西餐的配菜都有青花椰，解決了他無蔬菜可吃的問題。而我更喜歡的是白花椰，老覺得青花椰裡頭可能有蟲蟲埋伏是一個心理因素，更大的原因是，我喜歡白花椰的形狀。

小時候畫圖，經常會畫一幢平房，有門，兩個田字窗，有屋簷，屋頂上也許還有煙囪。屋旁會有一棵大樹，藍天上幾朵白雲。屋前兩三個小孩，男孩短髮，女孩長髮，一律是側面，所以那個女孩的長髮就像一根湯匙，我二哥笑說我只會畫「湯瓢頭」。我堅持畫側面是因爲我不會畫正面的鼻子，側面就比較好畫。有一回看幾米畫油畫，畫中小男孩有可愛的鼻子，我說：「小時候畫圖，我最不會畫鼻子了。」他居然說：「對啊，鼻子好難畫，我也不太會畫。」但是我小時很會畫樹，樹隨便怎麼畫都很像，我畫的樹通常就是白花椰菜那種形狀。

怎麼會有一種菜長得那麼像樹？夾一小節白花椰，插在碗裡是一棵小樹，折下一小段，是一棵更小的樹，再擷取末端一小朵，是更小更小的樹……。「每一棵都像我畫的樹一樣耶。」母親不耐煩：「一頓飯吃兩個鐘頭，還在看什麼樹！」我把一大朵吃進嘴裡，彷彿吃下一座森林。

讀《小王子》，他的星球上有一種能長得像教堂那麼大的巴歐巴樹，而且它會把根深深鑽入泥土裡，太多的巴歐巴樹，會把整個星球擠爆，因此他必須在它還是嫩芽的時候就將它拔掉，它的嫩芽和玫瑰的幼芽很像，必須仔細分辨……。啊，閱讀時，我想像的巴歐巴樹，便是放大版的花椰菜。

後來知道，我們吃花椰菜的部分居然是花苞，嚴格說，是未開的花芽加上肉質花梗。花非花，樹非樹，花椰菜眞是太令人迷惑了。而那每一個小小顆粒，都是一朵小花蕾，一棵花椰菜，能開出千朵小花。那麼，吃一盤花椰菜，眞的是吃下一座微型森林啊。

荸薺古稱「鳧茈」，是否因爲它身上那鳥嘴般的芽，加上棗紅的皮色？
古時候把大的芋頭叫作「蹲鴟」，蹲伏著的貓頭鷹，眞有趣。
怎麼會有一種菜長得那麼像樹？夾一小節白花椰，是一棵小樹，
折下一小段，是一棵更小的樹。我把一大朵吃進嘴裡，彷彿吃下一座森林。

紅蘿蔔、白蘿蔔

我上輩子說不定當過兔子，不然小時候怎麼肯乖乖地吃紅蘿蔔呢？小時候，爸爸傍晚在廚房處理晚餐食材，總會順手削一根紅蘿蔔，把我叫來，切一節尾端較嫩的部分給我。我就當水果一樣接過來啃。爸爸總說吃紅蘿蔔對眼睛好，我最狗腿了，故意啃得喀喀響，強調那紅蘿蔔的爽脆，表達支持。大哥還好，二哥最恨紅蘿蔔，他還反駁爸爸：「那小白兔爲什麼近視眼？」小白兔的確都是近視眼，可是那時我們不知道平常看到的紅眼睛白兔，其實都是白子，所以視力不良。

小白兔視力不佳，我婚後有近距離的觀察。新婚後在陽台養了兩隻白兔，後來我懷孕了，平日兔子由老公照顧，他穿短褲站在陽台上，兔子便來啃他的腿毛，我懷疑牠們眞的以爲那是兩根好大的蘿蔔！

那兩隻兔子胃口真好，飼料吃，紅蘿蔔吃，小白菜吃，而最愛的是玫瑰花！那時我在家寫作、待產，生活靜好，心血來潮時，從瓶裡取一枝玫瑰到陽台上，把兩隻兔子召來，你一瓣、你一瓣……，慢慢分給牠倆吃。當然，玫瑰不是日日有，紅蘿蔔倒是冰箱裡常備的。

但也不是所有的兔子都喜歡吃紅蘿蔔。我後來又養了一隻漂亮的荷蘭侏儒兔，牠的毛好柔軟，全身土棕色，脖子上一圈白毛，像戴了一條白圍巾，我叫牠Merino（美麗諾）。這隻小兔子很怪，只吃我們認爲應該很難吃的飼料、乾草，至於紅蘿蔔、小白菜、蘋果等等，所有想像中兔子愛吃的生菜水果牠碰也不碰。眞是一樣蘿蔔養百樣兔……，啊，還有根本不吃紅蘿蔔的兔子。

牠不吃，我吃。每次試著切一小節引誘牠，那節紅蘿蔔的下場最後都丟進了垃圾桶，至於另一段，則進到我的肚子裡。後來聽專家說，胡蘿蔔素必須用油炒過才能充分溶解出來，生吃對眼睛未必格外有益。無論如何，我也算個書呆子，長期車上看書、床上躺著看書，在還沒使用電腦工作之前，年輕時一直保持優良視力，沒戴眼鏡。總是相信紅蘿蔔！無論燉肉、煮湯、炒菜，有機會便要加一點增色，它有時以塊狀，有時丁狀，有時以細絲狀出場。

在餐館菜單上看到過「甘筍」之名，那時一頭霧水，原來是香港人稱紅蘿蔔。紅蘿蔔來自西域，一稱「胡蘿蔔」。

再說白蘿蔔。這紅、白兩兄弟只是長得像，其實關係疏遠。紅蘿蔔屬傘形目傘形科，白蘿蔔則是十字花目十字花科，相同的只是都食其根。日本人有趣，叫白蘿蔔「大根」，稱紅蘿蔔「人參」——台語中的紅蘿蔔說法便來自日語。那麼眞正的人參呢？日本人說「高麗人參」，其實中國東北也產人參啊。

台語把白蘿蔔叫「菜頭」，我大四時的導師綽號便是菜頭，他是個教聲韻學的好老師。……我還是講蘿蔔吧。

在我眼裡，白蘿蔔比紅蘿蔔更美麗，尤其是近年來新品種的白玉蘿蔔，小巧剔透，拿起端詳，每棵都像故宮文物。有一年我參觀美濃的白玉蘿蔔季，親自去「拔蘿蔔」，這才知道從小被童謠誤導，以爲蘿蔔是根深柢固於泥土中，使力一拔便要坐倒於地。其實無關大小，白蘿蔔須種植於排水良好的砂質土壤，肥大的根種在鬆軟的土裡，輕輕一抽便可拉出土壤，根本不費力。

國中時讀夏丏尊〈生活的藝術〉，有段描述弘一大師的文字，一直深深印烙在我心中。他說弘一法師是過午不食的。未到中午，「我送了飯和兩碗素菜去（他堅說只要一碗的，我勉強再加了一碗），在旁坐了陪他。碗裡所有的原只是些萊菔、白菜之類，可是在他卻幾乎是要變色而作的盛饌，叮嚀喜悅地把飯划入口裡……」「萊菔」便是白蘿蔔，可怎樣是「叮嚀喜悅」的神情？實在太教人神往了。

我這俗人，有耐心的時候，週末熬個白蘿蔔燉排骨。排骨切小塊，白蘿蔔切滾刀塊。排骨先川燙過，去腥，重新入清水加米酒、蔥段，燉至肉可脫骨，加入白蘿蔔小火續燉二十五分鐘，加鹽，撒上香菜。我最喜歡這蘿蔔滋味，咬在嘴裡，鮮潤而不爛，召來老公小孩夾一塊入口，「快吃快吃，剛剛燉好的。」約略接近於「叮嚀喜悅」之心境。

絲瓜

我小時候對於一句諺語總是心生懷疑：「人若衰，種瓠仔生菜瓜。」比喻諸事不順。可是生菜瓜到底有什麼不好？菜瓜那麼好吃！這不是失之東隅，收之桑榆嗎？

菜瓜即絲瓜，是我少數從小就認得——看見藤蔓便能認出——的攀緣植物，當然是因爲家附近總有人種絲瓜。瓠仔？比較少，南瓜、西瓜、苦瓜不曾見，絲瓜卻非常普遍，走到哪，有棚架處便有絲瓜。即使在鬧區，有時出現一小方畸零土地，便能看見漂亮的黃花像牽牛花一樣攀緣綻放，有的花萎縮了，頂端結出圓柱果實，有的碩大果實杵在那兒，似要等著做菜瓜布呢。

絲瓜喜歡在夜間開花，雌雄異花同株，爲確保結成果實，現代農夫常在夜間爲絲瓜授粉，也就是把雄花的花粉沾上雌蕊的柱頭，增加「受孕」的機會。有一年我去屏東高樹鄉任短暫的「駐村作家」，夜晚出來散步，經過網室栽培的絲瓜棚，看見農人在網內忙活，莫不是跟令狐冲一樣想偷瓜？這一問，農場解說員笑說：「他在爲絲瓜作媒啦。」我心想：「這些花受孕可方便！」聞著空氣裡一種巧克力香，那是植物的費洛蒙吧？結實後的絲瓜倒沒有巧克力味了，不然，女人家應該更喜歡絲瓜吧？

女人有別的理由喜歡絲瓜。有一陣子跟幾位作家姐姐們聚會時，常見最懂草木的方梓姐拿出一個小瓶子，彷彿唐門解藥似地交予某人。我好奇問：「那什麼？」「絲瓜露。」說是她婆婆還是媽媽接的天然絲瓜水，將絲瓜藤蔓切斷，用乾淨瓶子盛裝，最近收集了一些，下回帶給我。其實下回見面往往數月後，這種天然神水保存期限不會太長，我忙說不要麻煩了，但忍不住讚美：「難怪方梓姐皮膚愈來愈好了。」絲瓜水、小黃瓜都美容養顏，可見有個「瓜」字的對皮膚都不錯。

我爸媽對養顏沒有多大興趣，但都深信所有瓜類食物都清涼退火，爸爸老在我耳邊詠歎瓜的好處，他是所有瓜食的擁護者。小時候台灣的水果改良技術還沒那麼厲害，我記憶裡每年夏天都會吃一堆完全不甜的香瓜，我一見就皺眉頭：「又要吃『企歸』（大黃瓜）了！」爸卻吃得津津有味。夏天餐桌上更是無瓜不歡，特別是絲瓜。入菜的瓜我卻一點也不排斥。

熟稔廚事，才懂得食物的眞滋味，原來，絲瓜是甜的，那甜，是種雋永的清甘。許多食譜教人煮絲瓜時加水，其實除非是做蛤蜊絲瓜，適合較多的水分，以免烹煮過程中蛤蜊乾掉，否則可以滴水不加，卻能得出一盤原汁原味甘甜的「絲瓜露」。

常做絲瓜炒蛋，先打兩顆雞蛋，打散，少許油，小火煸炒成散粒，然後放進切厚片的絲瓜，蓋上鍋蓋，轉最小火燜，過程中有時掀蓋略翻一下，以免水分未出來之前黏鍋燒焦了。燜幾分鐘後，水分逐漸釋出，可以完全不管它，讓它蓋著鍋蓋繼續出水。我的炒鍋蓋是透明的，可以從外觀察鍋裡的變化，看見絲瓜整個煮軟了，已經是湯湯水水一鍋，便加少許鹽起鍋。這一道我老公非常欣賞，喜歡舀那湯來喝。搶我的絲瓜露，一定也想青春不敗吧。

澎湖角瓜卻不軟爛，我在四知堂吃到，切厚條的澎湖絲瓜與白山藥、山木耳，以雞湯煨煮，鮮甜清麗。回來立刻模仿，要訣是三分鐘即起鍋，切莫煮爛，失了綠意。

熟稔廚事，才懂得食物的眞滋味，
原來，絲瓜是甜的，那甜，是種雋永的清甘。
在我眼裡，白蘿蔔比紅蘿蔔更美麗，尤其是近年來新品種的白玉蘿蔔，
小巧剔透，拿起端詳，每棵都像故宮文物。

陶淵明種的是什麼豆？

我應該是熟悉黃豆的，從前媽媽煮的湯，我最愛的是黃豆燉排骨。爸媽還常自己做豆漿，不只甜豆漿，爸有時做鹹豆漿給我當早餐，加榨菜絲、蝦米、油條，實在是美味。而剩下的豆渣也沒浪費，可以拿來煎餅或炒蛋，這些料理在外頭都吃不到。有回老公去四川出差，回來很稀奇地告訴我，四川的豆花是鹹的、辣的！我笑他少見多怪，我們家小時候連豆漿都吃鹹的。

我對所有豆類食品來者不拒，很可能源於童年的飲食習慣，熱愛豆腐、豆乾，連零食都愛吃「一心豆乾」。然而卻直到最近才意外發現我非常喜歡的「毛豆」的身世！原想上網找找，毛豆除了水煮，炒豆乾、肉丁之外，還有什麼新奇的做法？這一查，赫然發現原來毛豆就是黃豆的「小時候」！

毛豆在莢果發育至八分滿時採收，像寶寶，還有嬰兒肥，是為毛豆；等到莢果發育成熟，豆莢乾枯了，採收到緊實堅硬的「老毛豆」，就是「黃豆」了。那麼毛豆與黃豆正確學名是什麼？是大豆。原來小時候讀地理，背各地產物，大豆、玉米、高粱……，那「大豆」就是在說它們啊。

而陶淵明的「種豆南山下」，種的到底是什麼豆？黃豆、綠豆、紅豆都是中國自古有之的食物，更別提還有豇豆、四季豆、扁豆、豌豆各式各樣的豆了。初讀〈歸田園居〉詩，可能因為發音、文字的美感，我想像的是豌豆。自從長大在啤酒屋吃到好吃的毛豆之後，忍不住幻想，嗜酒的陶淵明，會不會已經發現毛豆連莢加點鹽、八角、黑胡椒汆燙之後，非常非常下酒？他一定沒發現，不然怎捨得放任「草盛豆苗稀」呢？怎麼樣也要想辦法種出滿山遍野的毛豆吧。

我常炒毛豆，也常做黃豆燒肉。做黃豆燒肉，黃豆浸泡數小時；五花肉炒到逼出肥油，然後加鹽、酒、醬油、冰糖炒勻上色，再加黃豆、淹過整鍋食材的水，小火燉煮四十分鐘即成。

還喜歡一種與黃豆相關的食材：豆豉。比如豆豉排骨。把排骨在水龍頭下反覆沖水去腥，然後用香菇素蠔油、醬油、酒、糖、鹽、豆豉（切碎）、辣椒丁（不吃辣的可用糯米辣椒，取其香氣）醃十分鐘，再加上先油炸過的蒜末、一小瓣陳皮或酸梅（切碎），進電鍋裡蒸二十分鐘，揭開鍋蓋撒一把碧綠蔥花……。啊，我忍不住說：

「那香啊！」

豆豉眞是做菜的好夥伴，如此擅於提味。炒山蘇、水蓮之類的野菜也對味，這時，它跟小魚乾是一夥的。據說它還能治病，那是初唐天才詩人王勃的故事。

那時的洪州都督閻伯嶼，在重陽節爲重修滕王閣落成而大宴賓客。王勃就是在這席間落筆寫成傳世之作〈滕王閣序〉。隔日，閻公因貪杯又感「外邪」（中醫說風、寒、暑、濕、燥、火和疫癘之氣等從外侵入人體之病），渾身發冷，汗不得出，骨節痠痛，咳喘不已——聽起來很像是流行性感冒。群醫診治，都主張用「麻黃」，但這閻都督最忌諱麻黃，說它是峻利之藥，他年事已高，豈可亂用？於是群醫束手。

這時王勃拿出了一把豆子。他日前在河邊遇見一老翁攤曬豆子，那豆子浸泡了草藥汁後煮熟發酵，老翁告訴他這叫豆豉，可做小菜，下飯極好。他抓幾粒放口中咀嚼，香中帶甘，滋味絕佳，便掏出銀錢買了一大包。王勃建議以豆豉爲藥，立刻引來群醫訕笑，都督也覺得那是土民小菜，焉可爲藥！不過豆豉是食物，吃吃也無妨。想不到都督吃了三天，果眞見效。王勃告辭時，都督以重金爲謝，王勃辭而不受，卻對都督說，這是河邊老翁的生計，與其謝我，何不爲老翁擴大作坊，讓這豆豉的製作廣爲流傳？從此，豆豉傳遍各地。

我想，如果都督眞是感冒，本來休息三天也該緩和些了，而豆豉——不知道閻老先生是否讓廚子做了豆豉排骨，或是豆豉蚵仔、豆豉魚、豆豉苦瓜來吃？讓胃口一開，會好得更快吧。

我還喜歡黃豆做的豆腐，各種「家常豆腐」胡亂搭配著做，經常是冰箱裡有什麼配什麼；有時燒魚，也隨手切一塊豆腐放進去同燒。在館子吃飯時，清蒸龍蝦、魚、蟹常以豆腐襯底，我專吃那吸飽了湯汁的豆腐。爾愛龍蝦，我愛豆腐。

豆腐的故事最多了，它的起源還跟道家煉丹之術有關。據說淮南王劉安（啊，就是那個「一人得道，雞犬升天」的名人）爲求長生不老之術，與「八公」（八個門客）鎭日研發丹藥，一不小心，把鹽鹵滴進豆汁裡，化成了白白嫩嫩的東西，這時有膽大者取而食之，發覺美味可口，取名「豆腐」。

此說不知眞假，不過南宋大理學家朱熹顯然是相信的，他甚至親自實證。據說他做過一個實驗，把一定量的水、鹵水和豆子先秤量，發現做成豆腐之後，重量多了，表示有不知名的物質在其中？這實驗的結果是，朱熹便不吃豆腐了。有些學者認爲朱熹是頗有成就的自然科學家，譬如他是最早辨認出化石的人，還比西方早了四百年，果然具有實驗精神。他有一首充滿諷刺的詠〈豆腐〉詩：「種豆豆苗稀，力竭心已腐，早知淮南術，安坐獲泉布。」「泉布」即貨幣，就是錢啦！他說某人努力種豆，卻種不出幾根苗來，心都「腐」了（此二句詩，刻意用上「豆、腐」二字），倘使他早知道淮南王做豆腐的方子，就可以安坐著數鈔票了。

詩中敘述的那個人，當然就是「種豆南山下，草盛豆苗稀。晨興理荒穢，帶月荷鋤歸」的陶淵明啊。所以，根據朱熹的理解，陶淵明種的是可以製作成豆腐的大豆，也就是黃豆和毛豆。而我堅信，陶淵明更想要知道的是：涼拌毛豆的食譜吧。

再說豆腐

詩人焦桐宴請幾位作家在銀翼吃飯，先上來一道淮揚名菜文思豆腐，據聞這是揚州天寧寺文思和尚發明，把豆腐切得細如髮絲，盛在黑色大陶碗中，滋味極清雋。一見那神乎其技的刀工，便想起黃蓉的「二十四橋明月夜」。

黃蓉十指靈巧輕柔，還得有「蘭花拂穴手」功夫，才能把觸手即爛的嫩豆腐削成二十四顆小球放進火腿裡；蒸熟了之後火腿棄之不食，只吃那飽吮火腿鮮味的豆腐小球。這道菜騙得洪七公教郭靖降龍十八掌。唉！聽來只覺暴殄天物，跟曹雪芹的「茄鯗」異曲同工。不過，好刀工眞的令人羨慕。

達不到的事，姑且不勉強，我大概做不出那道地的文思豆腐，那不只刀法要細，並且要快，因爲豆腐非常軟嫩，快刀才能切得細又不弄斷。但我還是有一個靈敏的舌頭，舀一匙文思豆腐入口：「裡面的細絲是筍子吧？」焦桐點點頭：「瑜雯舌頭很敏感啊！」

這是做菜時典型的反襯手法，用有點脆度的竹筍絲，更能襯托豆腐的柔嫩輕靈。竹筍、荸薺、芹菜都常扮演這種角色。

豆腐是我便當裡的常客，平常在外頭吃飯，有時一群朋友，大家說一人點一道菜，我多半點豆腐。做便當以後，對待豆腐的方式，可以說就是我當日心情的指數。時間多、心情好，我會大張旗鼓，把豆腐當皇后侍奉，從冰箱搜索一干朝臣：梅花肉片／雞胸肉／絞肉、筍片／玉米筍、豌豆莢／甜豆、木耳、紅蘿蔔、香菇、火腿、金鉤蝦、青蔥……

把豆腐切片（我較喜歡傳統的板豆腐），入油鍋煎，說它是皇后，正因爲豆腐一定得細心伺候，切、煎、翻面都要謹愼才不致碎裂。取出豆腐後，原鍋爆蔥炒肉片，續加入其他配料炒勻，加水或高湯，少許鹽、酒，加回豆腐，小火燒煮十來分鐘，讓豆腐盡收精華，起鍋前勾芡。這道家常豆腐，配料變化萬千，無論肉、蝦、菇類、蔬菜，滋味皆爲皇后——豆腐收攏。

我後來在一本食譜中發現，還眞有「貴妃豆腐」一味，不過那就眞的是「貴妃」

了，那食譜上用的是嫩豆腐。同樣爆炒肉片、種種蔬菜片，以及豆豉，再加水／高湯、鹽、醬油煮開，放入嫩豆腐，燒煮十來分鐘後勾芡起鍋。

更有閒情逸致的話，做個百花鑲豆腐，板豆腐中間挖個洞，揉成球形的蝦漿沾點太白粉塡進去，進電鍋裡蒸十分鐘左右，淋上蔥花、日式醬油即可。挖個洞塡蝦漿、塡絞肉，比起要削出「明月夜」可簡單多了。

那麼，心思恍惚或是時間匆忙時又該怎麼處置豆腐？蔥豆腐是其一，豆腐在醬油裡浸一下，熱油鍋，加少許鹽，倒入豆腐，再加點清水，小火煮五分鐘，起鍋前撒點蔥花、白胡椒粉。烤豆腐是其二。煎豆腐是其三，板豆腐切片抹點鹽，煎至表面金黃微酥，撒上黑胡椒粉、蔥花或細蔥絲即成。這類做法在簡單中，見豆腐眞味。夏天涼拌豆腐最好，可惜不能帶便當。

其實我心中最眷念的是麻婆豆腐，在洛杉磯念書時，一忙，最下飯的麻婆豆腐陪伴我多少時光。麻、辣、燙、香、嫩，這道菜也標記了我初入社會，八〇年代末，台灣川菜鼎盛的時代。可惜啊，孩子不吃辣，這祕密武器始終按兵不發。

南瓜

便當不適合帶湯，因此我平日不煮湯，唯有週末全家齊聚吃飯時做湯，無非蓮藕排骨、清燉牛肉湯之類。一天，小孩問我：「妳為什麼不煮南瓜濃湯？以前舅媽常煮南瓜濃湯，好好喝喔！」咦，我眞的沒有想到做這「洋」食，做菜一向不太用奶油，是很道地的中國胃，而小孩只喜歡煮爛已無「南瓜之形」的濃湯，並不愛吃當成「菜」的南瓜，我便幾乎不曾購買南瓜。

對南瓜的感覺，眞的很「洋」，倒不是灰姑娘南瓜車的緣故，是因為在美國生活的兩年裡，充滿了南瓜的記憶。

我剛到洛杉磯第一個學期，因為擔任助教，英文不好，得修一門輔助助教的英語學分。大概十月萬聖節快到時吧，課堂上有一回老師要我們搶答，還說答對了有獎品。我亂舉手，居然答對了。以為獎品會是書啊筆記本之類，沒想到老師從一口袋子裡取出一顆大南瓜。我嚇呆了，眞的是個大南瓜！比籃球還大，這怎麼抱回去啊？大陸同學紹誼幫忙我扛回去，室友們大叫：「妳哪裡弄來一個大南瓜？」「英文課贏到的！」

該怎麼處理這顆南瓜呢？雕成南瓜燈嗎？那可不是咱們台灣人的作風，南瓜當然是用來吃的啊。我閉上眼努力回想，小時候媽媽煮的南瓜粥是什麼樣子？有肉絲、香菇、蝦米、芹菜末，還有，胡椒粉的味道，南瓜是大塊連皮的……。我想起來，小時候很喜歡吃南瓜皮。那年頭吃到的南瓜是紡錘形的中國南瓜，綠皮上有紋路，表皮光滑；不像老美這種扁球形，表皮像橘瓣似地。老美的南瓜的確比較漂亮，眞的適合拿來雕刻。

就煮南瓜粥吧，我煮了好大兩鍋粥！不僅室友們吃，左邊隔壁台灣同學、右邊那戶大陸同學，統統叫來吃。大家捧一碗粥，有的坐著有的站著邊吃邊聊，有人笑說簡直賑災似地。

我喜歡這感覺，像什麼？像小時候眷村裡的味道。不知是眞記得，還是後來聽大人說起我便以爲自己記得了。三歲那年，父親急性腎臟炎，非常危急，媽媽白天跑醫院，大哥上學，我就跟二哥，兩個小孩子在家等待。吃飯時間一到，左鄰右舍每家都端菜飯過來，擺得滿桌子菜。

剛到洛杉磯住這小社區，共十戶，有五戶台灣同學，一戶大陸同學，兩戶老印，兩戶其他族裔。我們常在花圃中間走道打羽球，那是我一生中運動量最高的時光。下課回來，打打球，然後到廚房裡做晚餐。隔壁那戶大陸同學跟我們家一樣，住了兩男兩女。兩個女生都漂亮；男生，一個年紀比我大些，長得像成龍，是電機所研究生，一個年紀非常小，看上去才二十出頭，是天才跳級生，來直攻物理博士的，他名字也特別，叫「橫空」，不世出天才的名字。

橫空長得瘦高，會彈吉他，我跟別系同學借來一把吉他，橫空沒事會來彈一下，他唱〈一無所有〉簡直是崔健的翻版。有時我看見橫空坐在他們家門前階梯上，「又忘了帶鑰匙？」便把他叫進來一起吃晚飯。那一刻，我覺得這裡眞像童年的住所，只是我已成長，扮演了照顧「孩子」的大人角色。第二個學期我便搬出那社區，因爲作息與室友差異太大，特別是她交了男友之後常把我關在門外，直到半夜才能回房睡覺，我只好另覓還負擔得起的單人房住，但至今我仍懷念那半年的「村子」生活。

做便當以後，對待豆腐的方式，可以說就是我當日心情的指數。
時間多、心情好，我會大張旗鼓，把豆腐當皇后侍奉，從冰箱搜索一干朝臣。
對南瓜的感覺很「洋」，在美國生活的兩年裡，充滿了南瓜的記憶。
那陽光下堆滿南瓜的廣場，有種梵谷畫的穠麗。

在萬聖節前，開車到郊區兜風，路經一個大院子，堆滿了南瓜，我選了幾個小南瓜回去當擺飾。第二年我又去，那陽光下堆滿南瓜的廣場，有種梵谷畫的穠麗。後來我們全家多次重遊美國，發覺「堆滿南瓜」的院子其實是到處常見的景象，而每次見到，我仍忍不住停車流連。

去年春天去拉拉山，水蜜桃季還沒開始，又逢雨，我們在神木區走一小段便回頭，倒是在許多農產品攤子前駐足，像是來山上買菜似地。一攤攤高山高麗菜、桂竹筍、山蘋果、水梨、香菇……，還有南瓜，而且是西洋南瓜。大部分小巧，比老美種的還漂亮。我選了兩顆，跟兒子說，大的這顆回去煮濃湯給你吃，小的媽媽要放陽台當擺飾。

我的南瓜濃湯不麻煩果汁機打碎，切大塊煮爛即可。橄欖油爆香蒜末後，加入奶油、南瓜拌炒，再加水以小火熬煮，另鍋炒一把松子，等南瓜煮到軟爛，已無「南瓜之形」時，加鹽、黑胡椒，撒上炒香的松子……

下個禮拜，我還是把陽台上那顆南瓜殺來煮濃湯了。當擺飾嗎？那可不是咱們台灣人的作風！

茄子

今年端午，茄子忽然變成「爭議」食物，原因是粽子大漲，民眾感嘆吃不起粽子，有官員建議那改吃茄子吧。我在臉書上看到許多人哀號，說要大家改吃別的，也推薦點好吃的嘛，最恨吃茄子了！咦，我小時也怕茄子，原來吾道不孤。

讀飲食文章，常聽見一種似是而非的說法，說一個人會不會做菜，就看他會不會做茄子，茄子做不好，根本不算是會做菜。我想是被《紅樓夢》裡那道傳說中的「茄鯗」影響的吧？調理茄子竟變成破關密碼了。

但這說法不甚公平，我父親就是不擅長做茄子的，但這不能抹煞他口袋裡的一道道拿手好菜呀。

說父親不善於做茄子，應該沒有冤枉他，不然我小時候大概也不會那麼討厭吃茄子吧？爸爸茄子的做法實在太「健康」了，他喜歡用蒸的，茄子蒸出來，那灰敗的一灘爛泥……，呃，我小時候最怕吃那種軟軟的東西，嚇都嚇死了。國三聯考前，跟好朋友一起念書，有時在她家午餐，她母親端出跟我爸做的一模一樣的茄子，更慘的是，我爸不會勉強我吃，她媽媽基於好意，一再催促我吃；而我，本於教養，勉強夾一塊放進嘴裡，它通過我的咽喉那一剎那，像有個浪頭從食道裡打上來，嘔……

永遠不要勉強別人吃他不想吃的東西，這是那道食物對我的重大啓示。人生已經有太多的身不由己，至少在吃這件事上，就讓人自己作主吧。少吃某一種食物，不至於就營養不良了，何況，人是會改變的。比如我對於茄子。

逛洛杉磯超市時，發覺美國的茄子是梨形，不像在台灣的長條狀，我大驚小怪拿起來對學長說：「這茄子胖嘟嘟的好可愛喔！」學長不以爲然：「美國茄子不好吃，口感太Q韌，不容易爛，比較沒有茄子味。」不容易爛？比較沒有茄子味？那……太好啦！我要來煮煮看。

第一課，就是魚香茄子，這是我學烹飪的第一個重大進展，不只是從此愛上了茄子，更得到一個心得——凡是不會做的菜，把它「魚香」一番，至少都能下飯。魚香筍筍、魚香肉絲、魚香溜雞塊、魚香烘蛋，甚至魚香蘿蔔、魚香豆腐……。魚香沒有魚，而是蔥、薑、蒜末、荸薺、絞肉爆香後，加鹽、糖、醬油、酒、水、醋、辣椒或辣豆瓣醬烹調而成。有人最後要勾個芡，但我覺得茄子本身已是黏呼呼的，就別再拖泥帶水了，倒是起鍋前撒幾片九層塔更香。

對了，塔香茄子也好吃，茄子先炸到微軟撈起濾油，便可快速爆炒而保留漂亮的色澤；炸茄餅、家常茄子、東坡茄子都好吃。再回頭來說說我小時覺得恐怖的蒸茄子，後來知道，把茄子切片後泡水，滴幾滴檸檬汁，浸泡個十分鐘再蒸，蒸前塗點橄欖油、撒點鹽，蒸出來便是粉紫色，而不會是一攤破抹布。

茄子營養，所以我同學的母親會這樣催促我一定要吃。古人有「吃了十月茄，餓死郎中爺」之說，郎中指醫生，有點類似西方「an apple a day keeps the doctor away」的邏輯。

古代的茄子是什麼形狀呢？茄子從前有個美麗的別名，叫「落蘇」。傳說戰國時期吳王闔閭有個兒子不良於行，有一天公子跟家丁騎馬出城遊玩，聽見路上小販叫賣：「賣茄子喲！賣茄子喲！」從小閉門讀書少見世面的公子，以爲有人對他喊著「賣瘸子、賣瘸子」，回去向父親哭訴委屈，要父王拿那小販治罪。人家是賣茄子啊！寵愛兒子的吳王不知如何是好，那晚吳王憂心忡忡回到寢宮，看見妃子的孩子帽上兩個垂下的流蘇，很像要落下的茄子，福至心靈，第二天便召告百姓，今後茄子改名了，叫作「落蘇」。像流蘇的到底是長茄、圓茄還是矮茄呢？

日前去吉隆坡，吃到一道很特別的烤茄子，念念不忘，好好研究烤茄子是我的新功課。

如此多椒

是什麼時候開始，菜市場裡有了紅色、黃色漂亮的甜椒呢？記得從前吃到的都是青椒，而且並沒有甜味。小時候雖不至於不敢吃，但實在不喜歡它的味道，尤其是放在便當裡蒸過之後，它的氣味太霸道了，整個便當都是青椒味。

食譜中醬燒青椒、豆豉青椒、青椒鑲肉是基本菜單，記憶裡爸媽的做法則多半是最簡單的青椒炒肉絲，但我過去基於成見，買菜時總對它視而不見。一開始吃到黃的、紅的甜椒，是在西餐的自助沙拉吧，竟然是甜的耶，簡直驚爲天人！我這人愛美，吃東西凡漂亮的、好聞的先加二十分。

後來在市場上，黃色、紅色甜椒忽然就變得很普遍了，也不算特別高檔，經常一紅、一黃兩顆一組，價格數十元，買菜時常順手帶上一組。這甜椒色澤美豔，表皮光滑，上蠟似地，假的嘛？恨不得不放冰箱，擱餐桌上當擺飾好了。

甜椒太好用了。以往配色，因爲小孩不吃辣，紅辣椒用不上，想讓食物添點紅色，幾乎只有紅蘿蔔可用，固然營養，但總不能這盤也紅蘿蔔，那盤也紅蘿蔔；有了甜椒可好，要紅色有紅色，要黃色有黃色，綠色的當然不必說，據說還有紫色、白色、橙色的甜椒。啊，爲了讓做菜者的美術天分能夠酣暢發揮，請農人多多培植這些七彩蔬菜吧。

不只顏色，甜椒形狀也美，胖墩墩，燈籠似地，難怪還叫作燈籠椒或柿子椒，是因爲糖分吃多了長胖的嗎？

辣椒是瘦的，辣椒、甜椒都屬於茄科辣椒屬植物，個性卻大不同。

我看過很多嗜吃辣的人，最驚人的是祖籍四川的前輩將軍詩人汪啓疆。十多年前我跟一群作家到花蓮參訪，曾與他同桌吃飯。詩人是地主，忙著招呼大家，整頓飯我幾乎未見他夾菜，只見他向侍者要來大半碗生辣椒，配著白飯，呼嚕嚕就吃完了飯。我看得瞠目結舌，整碗的辣椒耶！都說「四川人不怕辣，湖南人辣不怕，貴州人怕不辣」，眼見這根本是飯配辣椒的吃法，我不知道還要怎樣更顯得怕不辣。

我中學時也曾無辣不歡，尤其吃湯麵的時候，一定要加兩匙辣椒醬才夠味。長大後不知怎麼耐辣力變低了，有了小孩，他一口辣也不吃，我做菜更只好捨棄辣椒這項絕佳武器，所有我留學時拿手的「麻婆」、「左宗棠」、「宮保」、「椒麻」等等辣炒菜系統統放棄。

可是我太懷念辣椒的香氣了，不禁嘆息，有沒有一種辣椒，有它的香，而沒有它的辣呢？這幾年裡，市場上忽然蹦出一種糯米椒，長相就是綠色的辣椒，表皮皺一點、醜一點，完全不辣，用來炒豆乾、小魚乾、肉片好吃極了。

我常用來炒松阪肉。松阪豬肉逆切紋路成薄片，糯米椒切斜片，熱油鍋，小火把松阪肉炒至變色，加入蒜片、豆豉繼續小火煸炒，再加入糯米椒轉大火炒熟，加鹽、黑胡椒、一小匙米酒（或紹興酒）起鍋，這是一道快速而感覺高檔的菜。

糯米椒也可取代辣椒，搭配蔥薑蒜，做為大火快炒前的爆香材料，甚至做為蔬菜主角。啊，是誰聽見了我的願望？

不可食無竹

少時讀東坡詩：「可使食無肉，不可居無竹。」腦海裡老想成可以不吃肉，不能不吃竹（當然是吃竹筍，又不是熊貓吃竹葉），便覺得蘇東坡跟我一樣耶，那麼愛吃竹筍。

媽媽也是竹筍迷，她曾跟我說，人要常常吃竹筍，就不會得腸癌這類毛病，她深信竹子的高纖維可以清腸。她尤其喜歡煮竹筍粥，竹筍、香菇、肉絲、金鉤蝦先炒過再加高湯、白飯熬煮，最後撒點芹菜珠、白胡椒，我可以吃兩碗公。

多年前，我曾在溫世仁先生成立的明日工作室短暫工作過，溫先生常以美食犒賞大家。有一回同事問他：「您什麼美食都吃過了，最最喜歡的一道食物是什麼呢？」溫先生不假思索回答：「滷肉飯。」童年的味覺記憶，山珍海味也無法超越。出身貧困的溫先生難忘滷肉飯的滋味；那時，我也問了自己：那我呢？我想了又想，內心深處最難忘的味覺記憶，應該就是媽媽煮的竹筍粥了。

現在爲孩子做便當總不能帶稀飯吧，此外，我很喜歡夏天清爽的涼拌竹筍，也帶不得；於是竹筍不是用來燒滷就是烘、炒，有時大塊，有時薄片，有時切絲，雖多半是配角，它的高纖特性天生可中和油膩或軟爛。

竹筍烘蛋是我常做的一道。有時口味重一點，剝兩個鹹鴨蛋，做金沙筍片，很下飯。先把鹹蛋的蛋白、蛋黃分開、剁碎，蛋黃加蒜末小火炒到起泡了，加進筍片、鹹蛋白、一匙米酒、少許胡椒粉大火拌勻炒熟，打兩顆新鮮的蛋下去，炒到蛋凝固，撒點細蔥花便可起鍋。新鮮蛋加或不加，是不同的風味；若是不加蛋，那麼鹹蛋白也得捨棄，就取那鹹蛋黃的金沙之色。

筍子唱主角，還有炒雙冬，冬菇、冬筍二冬煸炒，香菇水和少許醬油、鹽、糖入鍋收汁，再勾上薄芡。

做竹筍料理第一工夫在挑筍，挑對了筍子，就怎麼做都好吃。冬筍竹香濃郁，但我更喜歡台灣初夏的綠竹筍。綠竹筍俏生生，細緻清甜，水梨似地，夏日一上市場先挑兩根綠竹筍再說。詩詞裡常把纖細的手足比喻爲「玉筍」，其實市場買來的筍子經常沾泥帶土，而且，我謹遵書上教的，別挑那種高挑纖瘦的。

這個週末，挑回兩隻歪頭沉思的胖鸚哥，並排放流理台上，一對愛侶，眞可愛。但不能放著欣賞，當天就得煮了它們。看起來不像青菜嬌嫩的竹筍，其實最放不得，會愈放愈老。因爲竹筍內有活動力特強的分生組織，即使已經掘出來賣、帶回家放冰箱裡了，那些活潑的細胞還能繼續分裂，眞是精力旺盛的一種食物啊。

竹子且有節節高升美意，而筍子是源頭，雨後春筍象徵一片欣欣向榮。據說唐太宗就是熱愛春筍的，每年春筍上市，還大擺筍宴，召集群臣共享。

我們一家每年去苗栗看桐花，吃客家餐，必點的一道不是客家小炒，也不是薑絲大腸，而是福菜滷桂竹筍。桂竹筍有一般筍子沒有的爽脆，形狀是大大小小的管子，眞好像在嚼一節一節的「竹子」。前年開始做便當了，回程時便向路邊老阿嬤買一大袋桂竹筍，她殷殷叮嚀，回去一時吃不完，要全部先煮熟了冰起來，以後再拿出來炒肉絲或煮湯都好，「不然馬上會老掉喔！」我知道的，唉，紅顏易老。

筍子是竹子的 baby，中國人眞有趣，把許多形狀瘦長的植物 baby，也都叫作筍了。蘆筍、茭白筍與竹筍外形有雷同處，但其實關係疏遠。

茄子從前有個美麗的別名，叫「落蘇」，像孩子帽上兩個垂下的流蘇。
甜椒形狀美，胖墩墩，燈籠似地，難怪還叫作燈籠椒或柿子椒。
辣椒則是瘦的，辣椒、甜椒都屬於茄科辣椒屬植物，個性卻大不同。
冬筍竹香濃郁，夏日綠竹筍俏生生，細緻清甜，水梨似地。

一次我做了培根蘆筍捲便當放上臉書，馬上有讀者來問，要怎麼捲才不會散開啊？其實培根一受熱就自然黏住了，等到培根煎香，裡面的蘆筍也熟了，只要撒點黑胡椒調味就可以。不過，最好選泰國進口的細蘆筍，一捲可以包個五六枝，也容易熟。

玉米筍是最常吃到的，在玉米連莖心都還鮮嫩時便採摘下來，我到國外超市才知道老外就叫它 baby corn。它也是我的常用配料，冰箱裡經常備有一小盒，炒三鮮、炒菇類，隨手抓兩支切片配色，它煮不爛，最好用了。

從前在雜誌社工作時，曾到南投採訪，有人請我吃當地風味食物，第一次吃到「甘蔗筍」，聞所未聞，原來也是甘蔗的 baby 而得名。那是紅甘蔗頂端稚嫩的莖心，只是清炒，卻是鮮嫩難忘。可惜平常市場買不到，還未曾做給家人吃。

想來，不管八「竿子」打不打得著，有個「筍」字的東西都好吃。不過，常挨揍的小孩，不會喜歡「竹筍」，究竟是哪個聰明人先發明的呢？把打孩子叫作「竹筍炒肉絲」，用「炒」這個動詞——鍋鏟翻過來攪過去，真是太妙了！

我不喜歡黑點點！

暮春南下去鳳新高中，這年頭有了高鐵，南北奔波不以爲苦，倒是很享受偶爾脫離日常工作的浮生半日。校方到左營高鐵站來接我，一路往市郊去，路旁清澈水田裡，禾稻搖曳。我說：「你們鳳山水土眞好，水稻長這麼高！」老師愣了一愣，哈哈大笑：「那是茭白筍哪！」

茭白筍長這樣？它完全不像竹子倒像稻子啊？回家後趕緊上維基百科查閱，在禾本科底下，有菰屬、稻米屬、小麥屬等等，茭白筍就是菰。至於竹，是禾本科下的一個竹亞科。

「菰」字在詩詞裡磕頭碰腦地常見面，以往只知它是一種穀類，詩裡總說「菰米」，也知道它還有個別名叫「雕胡米」。李白有詩「跪進雕胡飯，月光明素盤」

（〈宿五松山下荀媼家〉），婦人送來雕胡米飯，月光照著婦人手中素盤，那映照的是田家樸實本色，也是詩人的感恩之心。儲光羲〈田家雜興〉八首中，有「夏來菰米飯，秋至菊花酒」之句，夏天吃菰米飯，秋天賞菊喝酒，一派恬適。菰米、菰米，搞了半天，茭白筍會長出米？

我小時候不喜歡吃茭白筍，那年代的茭白筍質感粗疏，且有許多黑點。媽媽常用茭白筍炒肉片、木耳，我只挑肉片和木耳吃，硬是避開茭白筍，「我不喜歡黑點點！」老覺得那是發霉了。鳳山的新朋友告訴我，那是種專門寄生在茭白莖部裡的菰黑粉菌，會刺激薄壁組織的生長，使嫩莖膨脹，長成筍形的「美人腿」，就是我們吃的茭白筍了。台灣沒有人吃菰米，農業的研發，都在這「美人腿」上，難怪我在市場買到的茭白筍跟小時候的印象已大不同，比較纖瘦，質地緊緻細嫩得多，黑點點也變少了。

茭白筍宜清炒，就像我母親的做法，加點肉片、木耳，是我童年的菜；肉片換成花枝也不錯。清炒之外，手邊有九層塔時，可做三杯茭白筍。

過年前阿姨給我送來她自製的油酥醬，香死人（沒有個好阿姨的人，只好去超市裡買現成的了），我把茭白筍、木耳、紅蘿蔔、青蔥切細條，調少許素蠔油、醬油、米酒、白胡椒，兩大匙油酥醬淋在上頭，進電鍋蒸十分鐘出來，拌一拌就是一道蔥油茭白筍。

也喜歡把茭白筍跟蕈菇類送作堆，做個茭白筍燴鴻禧菇。茭白筍、鴻禧菇都先川燙；油鍋爆香蒜片、糯米椒（或辣椒），和少許水煮開，加醬油、鹽、糖、胡椒粉，再放回茭白筍、鴻禧菇，最後加一小匙黑醋，勾個芡，撒點香油，入口滑潤，很有滋味。

每年中秋要回婆家烤肉，我對烤肉興趣缺缺，唯獨喜歡烤茭白筍。婆婆保留一部分外殼，在裡面抹一點鹽，裹上錫箔紙放烤架邊緣慢慢烤。烤肉吃膩了之後，茭白筍也熟了，一根根剝開來，煙火氣中，有股甜甜的清香。

我有時如法炮製放進烤箱伺候；有時做點變化，撒鹽之外，塗點奶油；或是調和XO醬、米酒、醬油、糖、鹽、水、太白粉，做成抹醬，這種做法，要把外殼剝盡、外皮較粗的纖維削掉，對半剖開，醬汁薄薄敷在表面，烤七、八分鐘表面乾了即可。沒有外殼保護，水分易流失，且醬汁烤久了會焦掉。烤好趁熱咬一口，霸道的XO醬裡裹著甘美的汁液，有外剛內柔的強烈反差。

都說茭白筍不要跟豆腐一起吃，會得結石，配菜時我得把這點記牢。

馬鈴薯

「我同學看到我帶馬鈴薯，嘖嘖稱奇。」

「爲什麼？馬鈴薯很奇怪嗎？」

「因爲很少人拿它當主食啊。」

「德國的主食就是馬鈴薯。」

待在德國的那段時間，常跟著哥哥嫂嫂逛超市，那時讓我「嘖嘖稱奇」的是，那裡的米是包成一小包一小包販售，多小呢？就差不多一個馬鈴薯大小；至於馬鈴薯，則在角落一大袋一大袋堆成一座小山。

馬鈴薯是主食，可以整顆烤，可以削成條狀油炸（french fries），削成絲煎成餅狀（hash brown），炒馬鈴薯塊，還可以搗成泥——在大學餐廳吃自助餐時最常見到的，上頭澆點肉汁，當年我實在吃不慣，現在卻懷念。

馬鈴薯其實是世界第三大糧食作物（次於小麥、玉米），偶爾拿來當主食帶飯，不奇怪啊。主要是兒子眞的喜歡吃馬鈴薯，我有時去Costco一買就是一大袋，週末做做西餐，剩下來一定得在它們發芽之前處理掉，用來做菜太慢了，烤了做主食吃，才不暴殄天物。我是不炸薯條的，用錫箔紙包起來丟進烤箱二四〇度烤一小時，整個烤鬆軟了，挖出來代替白飯，孩子吃得高興，但是同學們覺得他的便當很稀奇。

爸爸不講馬鈴薯，都說「洋山芋」，雖然芋頭是天南星科，馬鈴薯是茄科，不過兩者都吃塊莖部分，把馬鈴薯當成外來的山芋，倒不奇怪。我最稀奇的是，在國外念書時才知道大陸同學們管馬鈴薯叫「土豆」。土豆是咱們的花生啊，個頭差太多了吧？印象裡凡叫作「豆」的，都是圓圓小小顆粒狀的東西。

那回我們一大群留學生聚餐，把隔壁大陸同學也叫過來。我在廚房裡忙進忙出，隔壁的天才跳級生橫空跟在身邊幫忙，他說：「我們大陸學生聚餐，都是男生掌廚，女孩子聊天、玩耍，高興的時候過來指指點點。」我笑說：「你是上海人啊。」上海男人寵女人看來不假。該派給橫空什麼活呢？我把燙熟去皮的馬鈴薯、雞蛋丁拿給他搗泥拌沙拉，他說：「啊，怎麼知道我最喜歡吃土豆沙拉！」我四下張望：「哪裡有土豆？」

馬鈴薯會發芽眞是件麻煩事，因此只要買了一袋馬鈴薯，那禮拜一定絞盡腦汁讓馬鈴薯頻頻上場。它可以跑跑龍套，比方用來燉肉、紅燒牛腩、咖哩雞、十錦燉蔬菜等等。它也可以獨當一面。焗烤不錯，我還常做五香滷馬鈴薯，非常簡單，去皮切大塊，切點紅蘿蔔配色，川燙一下，然後爆香青蔥，把馬鈴薯、紅蘿蔔丟進鍋裡，加一大匙五香粉、一大匙醬油、少許鹽、白胡椒粉，水淹過作料，中小火滷十五分鐘即成。

食譜上學來一道味噌馬鈴薯。先調製味噌醬汁：味噌、糖、米酒、醬油、辣椒醬炒勻（我不寫分量是因爲口味偏甜、偏鹹或偏辣，非常主觀）；馬鈴薯去皮切圓片，另起鍋以橄欖油煎至兩面金黃，加四分之三杯鮮奶用小火煮，快收汁時加入味噌醬汁炒勻，很下飯。

還有一道我從網路上找靈感、自己改良的咖哩四季豆馬鈴薯。馬鈴薯切厚片，玉米筍對半横剖，四季豆去兩端、去筋後切成二．五公分短條。奶油一大匙、橄欖油三大匙入煎鍋加熱後，放入幾根糯米辣椒、幾瓣大蒜、咖哩粉三大匙，拌炒一下，把馬鈴薯片加入鍋中，少許鹽調味，讓馬鈴薯裹上奶油、香料；再放入四季豆、玉米筍，蓋上鍋蓋，改用中火煨，中間不時攪拌以免黏鍋，約十五分鐘馬鈴薯熟透，接近微焦最好。這一道吃起來，有印度風呢！

我還在尋找更多的馬鈴薯做法，因爲它太會發芽啦。網路上有一種說法，將馬鈴薯與蘋果擺在一起，放在蔭涼的地方保存，由於蘋果會釋放一種使其他蔬果老化的乙烯氣體，可以抑制馬鈴薯發芽。我眞的做實驗，找來幾顆蘋果丟進那袋馬鈴薯中，訓練它們好好相處。結果是，大家都一起老了。

豆芽菜

不做菜的時候，看見「豆芽菜」一詞，腦海裡的直覺反射，想到的是不能當飯吃的音符，音符是可愛的小豆芽；等重拾鍋鏟，一見到豆芽菜便浮上愉悅的想像。

小孩子都孵過豆芽菜，兒子幼時，自然也要陪著他實驗一遭。有一天，公公婆婆從中壢上來，我告訴公公，陽台上的那棵白玉黛粉葉長蟲了，怎麼辦呢？公公非常會種花，問他肯定沒錯。公公、婆婆一起到陽台上檢視我的盆栽，告訴我沒關係，難免的，噴點水性蚊子水就好啦。婆婆順便幫我把一些枯葉摘除，「這聖誕紅怎麼長這麼長的雜草？」隨手扯掉了五株「雜草」。啊，我還來不及阻止，災難已經發生，小孩號啕大哭：「我的紅豆！」

那是我不久前跟他一起種下的紅豆。我們放六粒豆子，發芽了五棵，很不錯的成績。我用棉花鋪在漂亮的小陶盤裡，小孩每天給它們噴水。發芽以後，我怕豆子裡的養分很快會用完，手邊沒有多餘的盆子，便把豆芽移植去跟聖誕紅住在一起。小孩每天張望，期待紅豆開花，長出小豆莢來。他在書上學到豆子的花會變成豆莢，然後裡面會長出小紅豆。盼哪盼哪，花還沒開，竟被不知情的婆婆給迅速扯掉了。

「我的紅豆！」

婆婆慌了，抱歉得不知如何是好。我百般安撫：「不是故意的呀，阿嬤不知道嘛！」婆婆說：「阿嬤下次帶好多豆豆來，各種各樣的，好不好？」他仍哭個不停。我哄他：「那些紅豆長蟲蟲了，我們重新再種。」沒想到這個彆扭的小孩哭得更傷心了：「我要我長蟲蟲的紅豆！」

小人兒不記得這事了，上學後吃學校營養午餐，偶爾遇見菜葉上有蟲，回來告訴我好噁心喔，我說有蟲可能比較沒農藥吧，你小時候還哭著要長蟲蟲的紅豆呢！他當然嗤之以鼻。而他現在的便當裡，倒是不乏沒長蟲蟲的豆芽菜，因爲豆芽也是比較耐蒸的蔬菜，一陣子總會輪它上場一次。

育虹教我的冬菇、黃豆芽炒腐皮簡單可口，吃起來厚實卻不膩滑，我常做。

綠豆芽用途更廣，而且有個水靈靈的好名字，立刻直升頭等艙，曰「銀芽」。銀芽雞絲，可熱炒，也可涼拌。銀芽當主角的時候，炒香菜，炒韭菜，炒榨菜絲，炒海帶絲，或是炒甜椒絲，都很美。有時稍費點工，做個蝦仁銀芽烘蛋。

銀芽的麻煩是得掐頭去尾，太費事，所幸現在市面上有賣去頭尾、洗淨的銀芽真空包，最適合我這種忙人。

看韓劇時，發覺韓國這民族似乎熱愛豆芽，他們飲酒過後喝的「解酒湯」，竟是黃豆芽湯。以前在自助餐廳吃飯，我們學生眼裡的「洗鍋湯」，若不是沒有肉的大骨頭熬白蘿蔔或大黃瓜，便是黃豆芽高麗菜湯；黃豆芽湯到韓國竟成了解酒聖品？後來向韓國華僑同事問起，他們的黃豆芽湯是微辣的，認爲這湯暖胃、開胃。去韓式餐廳吃石鍋拌飯，無論主菜選的是牛肉、豬肉、雞肉還是章魚、香菇，相同的是，一定都會搭配一大把的黃豆芽，感覺他們把豆芽當成了生命的起點、活力的來源吧。

對我來說，光是它長得像音符，就是一道浪漫的菜了。忽想起大學時有一個追過我的建築系男孩管我叫「小豆芽」，大概是我走路老愛哼歌，太吵了，那眞是天寶遺事了。

茭白筍宜清炒，就像我母親的做法，加點肉片、木耳，是我童年的菜。
馬鈴薯可以跑跑龍套，比方用來燉肉、紅燒牛腩、咖哩雞、十錦燉蔬菜等；
它也可以獨當一面，焗烤、五香、味噌。
而豆芽，對我來說，光是它長得像音符，就是一道浪漫的菜了。

水蓮

做便當的一大難題，綠色葉菜大部分不耐蒸，而蔬菜是絕不可缺的。就有一位朋友告訴我，她痛恨高麗菜，因爲小時候的便當天天都吃高麗菜！高麗菜做便當是不錯，但天天吃誰受得了，蔬菜的選擇的確大受限制。

花椰、茄子、豆類、菇類、筍類……，輪來輪去，好驚喜，我在市場上發現了水蓮，一束束捲起綑成小包，賣毛線似地。清洗時不禁好奇，這細長葉莖究竟有多長？恰好老公進門，我喊他拿捲尺來幫我量，哇，短則一百，長的有一百二十五公分！

餐廳裡吃到的水蓮經常炒豆豉、樹子、大蒜、麻油、肉絲……，各式各樣。我自己最喜歡的是加一點薑絲、鮮菇片清炒，不要用太重的口味褻瀆了「水蓮」這樣清新的名字。

小時候沒見過這食物，民國九十八年冬天，我參與水保局一項作家下鄉駐村活動，來到高雄美濃龍肚社區，第一次見到當地所稱的「野蓮」，後來在餐廳裡遇見，名字變成了「水蓮」。美濃還盛產美麗的白玉蘿蔔，等到十二月底，白玉蘿蔔收成後，有的田改種波斯菊，過年期間將開成一片花海；大部分的田地，則將開始插秧、春耕，回復爲稻田，美濃是高雄最大的米倉。

我去的時候，「白玉蘿蔔季」已近尾聲，接待的朋友告訴我，過年後農會將舉辦「野蓮節」，那時野蓮只有美濃地區生產，才剛開始推廣。他說，七〇年代時，這種浮葉植物自生於美濃中正湖，有當地客家民眾食用，覺得味美，慢慢傳開。後來中正湖環境改變，野蓮漸漸滅絕，有人將種源移至池塘中種植，竟成爲美濃的地方名菜，而這個不知從何而來的浮葉族群也因此存留了下來。

我聽到的關鍵詞：「自生」？簡直神話了。

另一個他敘述的關鍵詞是「外籍新娘」。

野蓮長在水裡，開著白白的小蓮花，但其實跟蓮花不同科，它的學名是「龍骨瓣莕菜」，屬於睡菜科莕菜屬，是浮葉草本植物。這蔬菜高纖、清熱解毒、殺菌消炎、止咳止瀉，且以清水供養，沒有農藥，太令人神往了。

那時見到滿池小白花，疑惑這菜怎麼吃？「現在開花，再一、二十天就成熟了，吃它的莖部，野蓮三個月一期。」同行友人指著正在水中清洗野蓮的女子說：「美濃的野蓮農業，外籍新娘佔有一席之地，而這個行業也帶給她們就業的機會。」

水生的野蓮，採收下來，爲了效率，整個整理工作是在水中進行的。而這樣的工作，尤其是寒冬時，實在太冷太苦了，台灣本地的女性很少願意從事。看著浸泡水中的女子，朋友對我說：「她們都是吃苦耐勞的外籍新娘，美濃野蓮的發展，她們功不可沒。」時已入冬，幾個年輕女子穿著青蛙裝，坐在水中清洗、去葉，理出一束束長長的莖，猶如梳理一束長髮。那是她們的青春啊！

話說「百蔬之王」

年輕時有次聚餐，旁邊一位不大熟的男士看我夾取面前的開陽白菜，阻止我：「女孩子少吃白菜，太冷。」我看他一眼，心想：「神經病！」太冷？那西瓜也不准吃，綠豆湯也不准喝，仙草、愛玉一堆涼性食物統統都不能吃？（天哪！）我當然照吃不誤，只覺這人囉嗦，又不了解人家的體質，亂阻止。他一定覺得這女生不懂事，好心沒好報。

有的食物性熱，有的食物性寒，有的膽固醇高，有的怕有農藥……，我的歪理是，不如什麼都吃，分攤風險！年紀愈大，愈常碰到這也不吃那也不吃的人，說他偏食還生氣，人家是養生，我只覺得他們活得可憐，每天只能吃少量難吃的東西。對那些厭世的人，我常常第一個便想到：活著，你就能在春天吃到多汁的水蜜桃，夏天吃到甜美的玉荷包、愛文芒果，秋天吃到美麗擺飾般的甜柿、細膩的麻豆文旦，冬天吃到碩大的椪柑、富士蘋果……。光想這些，人生還不值得活嗎？啊，更不要說那麼費心做出的一道道料理、點心了。

又有一種人，只要知道是對身體有益，便餐餐都吃，大量的吃，再難吃也吞得下去。我公公就是典型。他每陣子會熱衷某種營養食材，比如番茄、雜糧飯、山藥；有陣子熱衷胡蘿蔔，小兔子似地，早也紅蘿蔔，晚也紅蘿蔔，把皮膚都吃成橘色，讓我婆婆嚇壞了。不過我覺得這類人還比前一種人有意思，雖然過猶不及，起碼充滿了生命力，我公公都八十六歲了，還能站著彎腰繫鞋帶呢。

回頭說白菜，白菜無罪。怕寒？那麼我們烹飪中常用的蔥薑蒜辣椒都是做什麼用的呢？何況除非眞的感冒咳嗽，須避開太寒、太燥的食物，否則我總覺得天地間各種食物自然形成某種平衡。何況，隨意翻書、上網，凡說到白菜，無不讚揚它的營養，甚至「療效」，隨手便可複製幾大頁，不備載；我只最喜歡其中反覆被提及的這一句：「益胃生津，清熱除煩。」但凡有一種食物能夠「除煩」，說什麼都要大口的吃啊。因此，我對那位阻止我吃白菜的仁兄仍大嚼！

近讀食書，還不巧遇見一趣事。某大陸美食作家書裡說：「袁枚在《隨園食單》中，稱白菜為『百蔬之王』，春韭秋菘並列，韭菜當無愧於『百蔬之後』。」我感到一頭霧水，菘是大白菜，這我懂，但「夜雨剪春韭，新炊間黃粱」是人間最美的煙火意象，袁枚若以春韭秋菘並列，作者怎會推論說韭菜是「百蔬之後」？

書架上取來《隨園食單》，〈雜素菜單〉裡提到「白菜」，說：「白菜炒食，或筍煨亦可，火腿片煨、雞湯煨俱可。」啊，這個週末就來煨個雞湯白菜吧。

至於韭，袁枚說它「葷物也。專用韭白加蝦米炒之，便佳。或用鮮蝦亦可，蜆亦可，肉亦可。」我照著炒炒蝦米、肉絲就好，蜆就算了。可我一時眞翻不到「百蔬之王」、「百蔬之後」這些說法。

我現在讀書糊塗，過目即忘，上網查查看吧。不得了，這整段文字在大陸另一篇不同作者的文章裡看到。到底是誰抄誰我不知道，只是，印成我們的「正體字」書，「百蔬之后」變成了「百蔬之後」，不禁失笑，原來如此！

那麼「百蔬之王」到底是誰說的呢？續查下去，有此一說，畫家齊白石先生有一幅大白菜圖，上有題句：「牡丹為花之王，荔枝為果之先，獨不論白菜為菜之王，何也？」原來齊老先生熱愛白菜，爲大家沒有宣傳白菜是蔬菜之王而大抱不平，於是白菜爲「蔬菜之王」說法流傳。我太好奇了，再Google一下齊白石的白菜畫，啊，眞找到一幅有此題句不假。寫意的大白菜，旁邊還配了兩顆小辣椒，是爲了「驅寒」嗎？

再說「開陽白菜」，這可能是我今生做過的第一道菜（泡麵不算的話）。好像還是高中生吧，有個暑假爸媽不在家，我自告奮勇要做飯，從冰箱裡找出大白菜、吳郭魚，又翻出蝦米、蔥薑等等。把吳郭魚抹點鹽加米酒，襯點薑絲、蔥段放進電鍋裡蒸；蝦米泡水後下鍋爆香，丟進大白菜，加點水，煮軟了，下鹽，最後勾一點芡上桌。咦，兩道菜出來，像模像樣耶。大哥十分驚異：「妳爲什麼會？」我也不知道爲什麼會，想一想，就該這麼做啊。

我也還記得，那天大哥也露一手：煎豆腐。不過，冰箱裡並沒有豆腐。平日媽媽做菜時經常喊我：「去老吳那裡買個豆腐！」「去老吳那裡買瓶醬油！」老吳店裡什麼都有，就像現在的便利商店。大哥翻翻冰箱，理直氣壯喊我：「妹，去老吳那裡買五塊錢豆腐！」我反正是全家人的傳令兵，可我今天也要做菜呢，故意問我的書呆子大哥：「老吳是誰？」他愣了愣，笑著說：「老吳——不就是老吳嘛！」他根本沒上過菜市場！

我在LA念書時，第一次拿出來宴客唬人用的食單則是「佛手白菜」。大白菜一葉一葉細心剝開，只取葉梗，入鍋燙軟後放進涼水冷卻，瀝去水分，每葉梗從中間縱切幾刀但不割斷。另做絞肉餡，類似獅子頭的調味，搓成一個個小肉丸，當然不必炸，裹進白菜梗裡折成一個個菊花包擺盤，進電鍋裡一杯水蒸熟，出鍋淋一大勺熱雞湯。這道菜端出來，像朵朵菊花，也像一個個小拳頭，故名「佛手白菜」。其實做法不難，而且靠的是大同電鍋，談不上火候的拿捏，但外觀好看，且「佛手」二字神聖，食客們肅然起敬，莫名其妙奠定了我在同學間的大廚地位。

「佛手白菜」雖然不難，但是費工，我平日最常做的則是白菜滷。一點薄肉片用鹽、酒、太白粉醃一下，兩三顆蛋打散，中火炸酥撈出備用。油鍋爆香蔥、蒜末，加肉片炒個幾鏟，再下大白菜片、木耳、紅蘿蔔片拌炒（冰箱若有用不完的鮮菇、玉米筍之類，我也丟進去湊熱鬧），四杯高湯煮滾，轉小火，放進蛋酥，鹽、糖、烏醋、少許醬油、白胡椒調味，續煮個幾分鐘，略收汁入味即成。蛋酥可以換成扁魚或炸豆包。有的食譜教人用蒸的，我不建議，白菜要煨，收點汁才好。

對我來說，大白菜眞的是便當菜裡的「百蔬之王」，因爲再沒有比它更耐蒸的蔬菜啦。

春色屬蕪菁

《村上收音機2》有一篇〈大蕪菁〉，說日本《今昔物語》裡有個大蕪菁的故事，那故事很無厘頭，少女吃了被男子「侵犯」的蕪菁之後竟然懷孕，生下小孩。不過，咱們中國人也有踩了大腳印而懷孕的傳說（周朝先祖后稷就是這麼被他媽媽姜嫄生下來的），不能光說人家無厘頭，雖然怎麼想都覺得即使性慾難忍，去侵犯一顆「蕪菁」實在是太那個了。不過，「蕪菁」到底是什麼？

蕪菁就是大頭菜。這名字比「大頭菜」美麗得多，還有個名字也很美，叫「蔓菁」，像女孩子的名字。此外，《詩經》裡稱作葑，還有九英菘、芥藍、擘藍、茄連、玉蔓菁、合掌菜、諸葛菜等等說法。看來，古代對於植物的名稱，常常混著叫，芥藍明明是另一種栽培歷史悠久的國菜，而「玉蔓菁」也有人指爲高麗菜，是不是古人也常有像我這種五穀不分的，他們隨便說說，被記載在典籍裡，就把我們搞糊塗了？

最使我感興趣的是，它居然也叫作「諸葛菜」，以前聽到的諸葛菜是二月藍呀。那是一種開藍、紫花的野菜，在二月開花，也叫紫金草。季羨林有篇散文〈二月蘭〉（他用的是「蘭」字），說二月蘭一「怒」，彷彿從土地深處吸來一股原始力量，一定要把花開遍大千世界，連宇宙都彷彿變成紫色。那種野菜，吃的是它的嫩梢；而大頭菜，我們現在食用的是它的球根，據說全株都可吃的。也許只要曾被諸葛亮下令採摘為軍糧的菜，都會被叫作「諸葛菜」吧。

蔓菁、蕪菁這樣美麗的名字，注定要經常被寫進詩詞裡。元稹有首可愛的〈村花晚〉詩提到蔓菁，說暮春時節桃花李花謝了，小女孩爭相採摘白色棠梨花、黃色蔓菁花，插上髮鬢比美，眞是活潑爛漫。（三春已暮桃李傷，棠梨花白蔓菁黃。村中女兒爭摘將，插刺頭鬢相誇張。）

蘇軾寫「蕪菁」，則以舒愜筆調〈憶江南〉，我最愛其中「春色屬蕪菁」一句。那詩一樣是說桃李已謝的暮春景色，微雨過後，春耕開始，柘林深處傳來斑鳩的咕咕啼鳴，蕪菁花滿大地，最是晚春好景！（微雨過，何處不催耕。百舌無言桃李盡，柘林深處鵓鴣鳴。春色屬蕪菁。）

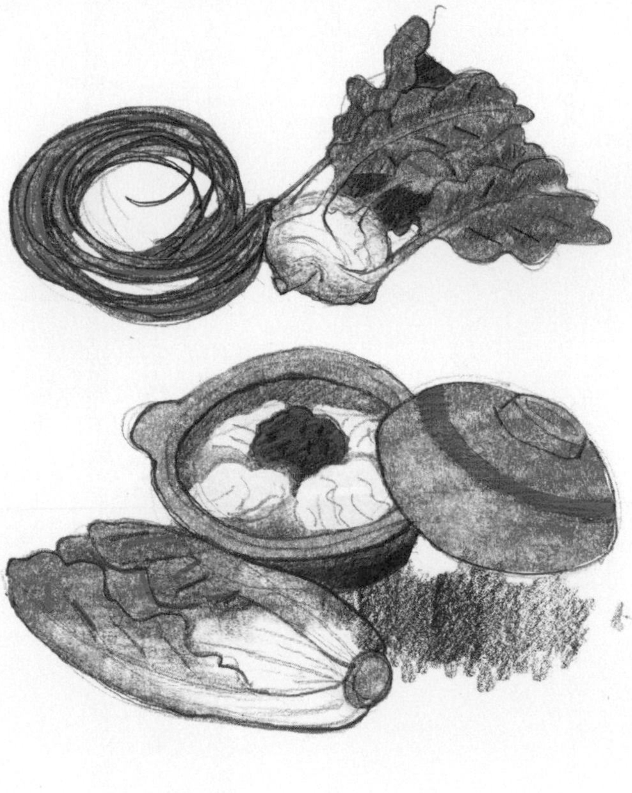

水蓮高纖解毒、殺菌消炎、止咳止瀉，且以清水供養，太令人神往了。
白菜清熱除煩，但凡有一種食物能夠「除煩」，說什麼都要大口的吃啊。
蘇軾有「春色屬蕪菁」這樣的句子，上市場買一顆色澤碧綠的大頭菜，
切片醃一下，與鮮香菇拌炒，這才是春色無邊呢。

父親喜食蕪菁，當然他是說大頭菜，不會用這麼文謅謅的名字。他的做法一概是加蒜、鹽、醋、醬油、辣椒醃漬涼拌，就像餐廳裡讓人自取的小菜，滋味甜脆中帶一點辛味。

現在我做的菜都是要進便當盒的，涼拌當然不宜，但我一想到「春色屬蕪菁」這樣的句子，這個春天，怎麼能錯過它呢？上市場買一顆色澤碧綠的大頭菜，切片醃一下，與鮮香菇拌炒，這才是春色無邊呢。小孩沒吃過大頭菜，問我這道菜叫什麼名字？

「就叫『春色屬蕪菁』吧。」

卷三
維也納雞排與丹麥炒飯

我們的上一代，念念不忘的是滷肉飯，
我這一代，如我自己常懷念的是媽媽的竹筍粥、爸爸的大滷麵；
而這一代孩子，記憶裡的西餐流溢著寵愛，
應該是可以理解的吧。

維也納雞排與丹麥炒飯

某日應「臉友」要求，在臉書PO上給小孩做的便當照片，註明：「豆苗蝦仁+維也納雞排」，便有臉友問道：「維也納雞排?是什麼?」根本亂寫的，馬上被問倒，只好坦白：「亂取的啦，醃過的雞腿肉加迷迭香、檸檬等亂七八糟的香料煎得兩面金黃就是啦！」

為什麼是維也納雞排呢?不知道，當時腦袋裡搜尋城市的名字，第一個跳上來的是維也納，那就維也納了。我想，這是家傳的命名法吧。

我念國中時，每天六點多就出門上學，學校早自習是七點半，但我們非常認真的導師要求我們七點以前就要到校，我便早早出門。爸爸常懷疑我兼差當工友，每天幫學校開校門，其實比我早到的同學多著呢。爸爸要從南港搭交通車去基隆造船廠上班，也得早早出門，他捨不得讓我媽跟著早起，因此每天早上是他幫我做早餐、帶便當。

我當年眞是一個難伺候的小孩，胃口不佳，中午便當經常吃不完。早餐倒是吃得熱鬧，我會問爸爸：「這什麼？」他便隨口亂掰：「丹麥炒飯。」「紐西蘭蛋包。」「上海米粉湯。」……。所謂「紐西蘭蛋包」是「雙黃蛋」，但後來我才知道爸爸只是把兩顆蛋煎在一起騙我，哪有那麼多雙黃蛋。

爸爸比我勤勞多了，現在我爲家人做早餐，只有在週末時會去做做蛋捲餅、鬆餅之類，平日的早餐多半是吐司、蛋，或者看我買到了什麼花樣的麵包，一大早是不會去大動鍋灶的。至於爲什麼是丹麥、紐西蘭、上海，沒什麼原因，他剛好想到這些國家或城市而已。這些名字，讓食物的滋味有了異國的風情，更讓我一早坐在餐桌前，便有了遼遠的想像。

那時我經常是班上的歷史或地理小老師。記得有一天早自習地理小考，我把答案抄在黑板上，下課時值日生擦黑板沒擦乾淨，漏掉了角落的一行字。下堂數學課老師解題時，拿起粉筆，唸出黑板上的字：「雞蛋、奶油、醃豬肉……」他一臉迷惑：「這是妳們今天的早餐嗎？」全班哈哈大笑。那是丹麥盛產的食物呀！

我想起來，爸爸的丹麥炒飯裡，有蛋、豬肉丁，取這名字，會不會是他聽見了我在房間裡的朗朗書聲呢？

紅燒

家家有本燒肉經，不會做紅燒肉，幾乎不能說是會做菜，即便吃素，也得會一道紅燒豆腐。便當裡的葷菜排行榜，第一名當屬紅燒菜系，紅燒肉、紅燒魚、紅燒獅子頭……，放在便當裡最是下飯。我的紅燒肉做得還算像模像樣，小孩最欣賞，紅燒肉便當照一放上臉書，便有作家來回應：「正港手路菜！」

我想，在處理肉食上，「紅燒」可能是中式菜餚與西式料理的一大分野，它最大的重點在於醬油的使用。醬油真是中國料理史上的重大發明。台塑牛小排不同於西餐牛小排，說穿了那就是中國式的紅燒牛小排呀。

紅燒的第一個訣竅，無論魚、肉、豆腐，都須先煸透，「煸」是熱油煎炒之意。魚要煎得表皮赤黯，豆腐要煎得金黃，如此不僅能鎖住水分，燒煮時也不易支離破碎；而豬肉必選五花肉，要煸炒至接近微焦，把肥油煎出來，燉煮後才能夠肥而不膩。

第二個訣竅是「上色」。「紅燒」之名，指的便是以醬油、水及種種調味，將食物經文火燉燒之後，呈現紅腴的色澤。魚或肉在煸炒後，先取出；鍋留少許油，小火把蔥薑炒香，放回魚、肉原料，先加醬油（也可調少許蠔油或醬油膏）、酒（米酒或紹興有不同風味）、冰糖、八角、白胡椒粉等，把原料炒出油亮色澤，之後才加水燒煮。我看過有些食譜教人把所有作料與水先拌好了，一股腦兒同時加進鍋裡，少了「上色」的過程，燒出來的顏色不會漂亮。

第三個要訣在小火慢燉，把肉燒爛，讓甘美汁味滲進肌理。「慢著火、少著水，柴火罨（音掩，覆蓋）焰煙不起，待它自熟莫催它，火候足時它自美。」我的紅燒肉老師蘇東坡在〈燉肉歌〉裡寫出他的燒肉訣竅。

傳說蘇東坡任徐州知州（州長之意，又稱刺史）時，某年秋天，黃河決口，七十餘日大水不退。蘇軾率眾齊心抗洪，終於洪水退去，次年他修築「蘇堤」，百姓銘感，紛紛殺豬宰羊送至州府表達感謝。蘇軾真是有創意的父母官，既然推辭不掉，他索性命人將這些豬肉加工料理再回贈百姓，時稱「回贈肉」，據說這就是「東坡肉」的前身。

最後一個要訣是燜煮火候足了之後，急火收濃湯汁，這便完成了。整個過程，也就是兩頭用旺火，中間用小火，這大火、小火，也就是傳統所說的「武火」與「文火」。開始和完成，都要元氣十足，轟轟烈烈；過程中卻需要耐心，趕時間的情況下，快炒清燙都好，就是別做紅燒菜。

文攻武嚇

每日做菜，練習對手上的食材文攻武嚇。

中國文化裡的「文」、「武」概念甚妙；複雜的概念，一個「文」字或一個「武」字便說完了，聽者倒也自能領會。

古代君主有文德與武功，文治與武事；士人有文才和武藝。京戲裡小生之外有武生，花旦之外有刀馬旦，淨角有銅錘花臉、架子花臉，後者都是會耍刀弄槍的角色；前者爲文，後者爲武。能夠文武兼備的，那就是全才了。

做菜，說到底，就是在文、武之間的掌控拿捏，關鍵當然就是火。文火是小火，武火則是大而快的強火。每道菜，在文武之間的諸多變化，微妙地決定了它的滋味、它被說濫了的一個詞彙——「口感」。該糯爛，該爽脆，該滑嫩，該有勁，該皮脆肉嫩的，都在爐火的文韜武略中成就。

俗話裡告訴人要達到目的，就別得罪關鍵人物，說：「要吃爛肉，別要惱著火頭。」火頭就是關鍵啊！

就說最尋常的紅燒肉吧。切塊的五花肉，得先在鍋裡中火油煎，煎到表面微焦，把肥油逼出來，肉煎到上色了先撈出來。大火爆香青蒜，再把肉塊倒回鍋內，加各式醬料中小火拌炒均勻，然後加水淹過肉，大火煮滾，蓋上鍋蓋，轉最小火，慢煮收汁……。這當中，爐火時大時小，時文時武，經過多少變化！有時那變化，純粹就是烹調中的「臨場反應」，所以，做菜跟醫療一樣需要「臨床」經驗，否則也只是說得一口好菜。材料和做法，食譜上多有載明，但是火候的控制需要臨機應變。

「煙火」一詞，既代表了人家、人口集中，也代表了後代子嗣；中國是最食煙火的民族。現在有時老公夜歸，問一句：「吃了沒？」「要吃點東西嗎？」然後爐子一熱便可端出消夜。以前幾乎不問這一句的，又不做飯，問了要幹嘛呢？泡麵嗎？家裡開伙、有了鑊氣，氣氛微妙的變化，實在難以言說。

富貴人家種種吃食，常以文火燉焙見長，《紅樓夢》裡，賈寶玉愛吃的糟鵝掌、王熙鳳說的「茄鯗」，都是費工慢火做出來的。有錢人家，多的是時間，就得這麼文火細細，得見品味。

但我喜歡看市井煙火，看夜市裡廚師大鍋大火快炒那熱鬧，那是庶民的火氣，生猛勃勃，快炒海鮮就非得要那樣的火。

詩句「飛刀鏤切武火烹」，是宋代直言不阿的大臣沈與求的詩〈錢塘賦水母〉裡頭的句子。詩裡描述水母外表渾沌，說不出具體形狀（眼中水怪狀莫名，出沒沙嘴如浮罌。復如緇笠絕兩纓，渾沌七竅俱未形），而等到「飛刀鏤切武火烹」——大火快炒之後，「花瓷飣餖粲白英，不殊冰盤堆水晶」，這堆疊在美麗瓷盤上、像冰盤上水晶般的透明海產，說的應該就是今天的水母、食物裡的「海蜇」沒錯了。

可我讀「飛刀鏤切武火烹」那快刀、大火的熱鬧，怎麼覺得詩人詠的是士林夜市呢！

文攻武嚇 163

文火是小火，武火則是大而快的強火。
每道菜，在文武之間的諸多變化，微妙地決定了它的滋味。
該糯爛，該爽脆，該滑嫩，該有勁，都在爐火的文韜武略中成就。
我喜歡看夜市裡廚師大火快炒那熱鬧，那是庶民的火氣，生猛勃勃。

韭菜盒子

放寒假了，沒見小孩做什麼功課，整天不是練琴就是「練功」（讀武俠小說也），「都沒有作業嗎？」「有啊，要妳教我。」這倒稀奇了，從他上國中以後就不屑我過問他的功課，尤其數理，他直接告訴我：「妳不會啦！」居然有要我教他的作業。「家政作業，要我們做一道家鄉菜。」台北長大的小孩還有家鄉菜？漢堡？薯條？「也可以做妳或爸爸的爸爸媽媽的家鄉菜。」噢，我爸媽都不在了，福州菜我也不會做；公公是山東人，「做個麵食類怎麼樣？」

韭菜盒子，我們很快就達成決議。其實公公婆婆剛來，前腳才走，「早說的話，就讓爺爺幫你把麵糰揉好了再回去。」這下我們一家三口得自立自強。三人中唯一做過一次韭菜盒子的是我老公，那是整整二十年前！

我們在洛杉磯念書時，某日我忽然非常想吃韭菜盒子。小時候爸媽常做，因爲我們領眷糧，總有麵粉要消化；斜對門那家山東人好會做餅食，爸媽跟他們學做過。眷糧停了之後爸媽就不太做了。那一天我要命的想吃韭菜盒子，男友是山東人，雖然外表一點都不像，「你眞的是山東人嗎？那你做韭菜盒子給我吃，證明一下。」唉，那時候在努力追我呢，他眞的打越洋電話回台灣，詳問他爸爸做韭菜盒子的步驟，眞的送來熱騰騰、讓人感動落淚的韭菜盒子！

眞的讓人落淚，因爲這輩子僅此一次，「結婚以後，我再也沒吃過你爸爸煮的任何東西啦！」而且怎麼做？他早就忘光了。

這倒不難，我找出食譜，幫助老公恢復記憶。於是我們「東市買駿馬，西市買鞍韉」——確實要上超市採買，材料需要中筋麵粉、韭菜、豆乾、雞蛋、粉絲……（我們做素韭盒，清淡些），還有，我們家連根擀麵棍都沒有。至於麵糰要放哪兒擀呢？小時候家裡有一個長約一公尺的揉麵板，這年頭上哪兒找！靈機一動，家有一個IKEA買的原木轉盤，直徑四十公分，可以湊合著用。

由小孩掌廚，我跟老公技術指導，我管餡料，他管餅皮，兩人還要輪流掌鏡錄影存證。我這邊工作單純，主要教他如何把作料剁碎而不把自己的手指頭切下來即可。

先泡粉絲、洗淨韭菜、攤蛋皮，然後把這所有作料剁成碎屑。調味時，拿出量匙：「這是一茶匙，這是半茶匙。以平匙爲準，不要尖起。現在放兩茶匙鹽，半茶匙麻油。攪拌。」好了，香噴噴的餡料完成。

揉麵糰才是挑戰，麵粉加水，攪拌，啊！太濕了，再加麵粉。「萬一又太乾呢？」「再加水呀！」孩子說：「這樣加下去，我們會不會做出一整個月的糧食？」不斷地揉麵糰，這可需要力氣。我忽然想起圖畫書裡揉麵糰的太太，都是胖呼呼的，頭上挽個髻，一張和氣的大圓臉，原來揉麵糰頂需要力氣，弱不禁風的人還揉不動呢。揉出一個大麵糰，先用布蓋起來靜置二十分鐘，因爲揉過的麵糰有彈性，比較緊，放一放會變得柔軟，這步驟有個有趣的動詞叫作「醒」。所以麵糰蓋著布是在睡覺嗎？

布拿開，把麵糰叫醒，切小塊開始擀餅皮，要擀得圓可不容易。這時父子倆發現我建議用轉盤當擀麵板眞是太英明了，本來要邊擀邊轉動餅皮才擀得圓，現在直接動轉盤就行了。

擀出的餅皮，由我包餡料、捏合，順便修正形狀，大小不一的韭菜盒子一個一個誕生了。最後一個步驟，起油鍋，指導兒子把一個個可愛的盒子並排在平底鍋裡烘煎……

啊，我感動得要掉眼淚了。二十年後，我又吃到了韭菜盒子，這回是兒子做給我吃的呢！

自從嫁出去以後

我小時候不吃牛肉，媽不讓我吃，說是算命說的。她的說法很可疑：「吃了牛肉會嫁不出去。」誰怕誰呀？可我大概潛意識裡從小就很想嫁出去，居然眞的一直沒吃。一方面是誘惑不多，家裡本來就很少煮牛肉，可能是太貴了，何況不讓我吃，媽也就幾乎不買。週六半天課，放學後跟同學們在中華路一帶晃盪，同學們點牛肉湯麵（吃不起牛肉麵），我就點陽春麵，看那湯汁烏漆抹黑的，也沒有特別的渴望。

工作後誘惑漸漸來了，去麥當勞，我只能點麥香雞或麥香魚；大家吃合菜時，我得避開牛肉不夾。最擾動我心的，是離開《財星日報》同事們給我送行那次。我當過一段時間產業記者，幸運的是，無論在上市公司認識的經營者或是我的同事們，都對我這股票白癡極爲包容。我離職轉到《中國時報》跑文化新聞時，正值台灣股市一飛衝天的大多頭時光，業界出手豪闊。大家爲我送行，到一家昂貴的鐵板燒吃套餐，其中有菲力牛，我搖頭說不吃牛肉，作東的主任滿臉遺憾：「那——只好把妳這一份分給大家囉？」我聽大家嘖嘖稱頌，第一次感到不吃牛肉是件可惜的事。

結婚後我就開戒了，反正已經嫁出去啦！但大概被制約了，買菜時還是自動避開牛肉，只在餐廳裡吃。倒是過去有十年時間我們家幾乎不開伙，偶爾週末興致來想在家吃，但小家庭一餐的菜很難買，太多配料會浪費掉，於是多半選擇牛排、炸蝦、燙花椰、玉米筍這樣的簡單組合。有次大哥大嫂來，我以此招待，他們十分配合：「我們也要海陸。」

煎牛排的訣竅，我認爲就是選好的牛排，不要太薄，有點油花。常溫下靜置一段時間，不要醃，大火煎三十秒，翻面，翻個幾次，感覺表面微酥即起鍋，放瓷盤上，沾點海鹽、黑胡椒即可。我跟兒子這點很像，都不喜歡雜七雜八的沾醬破壞原味。

經常地對付牛肉，是直到做便當才開始的。每週「主菜」吃肉二或三次，牛豬雞輪著做，幾乎每禮拜都會輪到一次。這才眞正好好地面對、研究牛肉這項食材。

牛肉是相當兩極化的食材，要嘛就快炒，炒得青春鮮嫩，要不，就文火慢燉，燉到天荒地老。

日常以薄牛肉片，爆炒青蔥，爆炒香根、洋蔥或芥藍。「爆」字是必須強調的，熱油大火，劈里啪啦的環繞音效，實在非常rock。因爲牛肉在鍋裡不宜久留，我會把調味料如醬油、酒、醋、麻油等事先調好放碗裡；油入鍋後，先放一小匙花椒粒小火炒香，撈掉，爆香蒜片或蔥段，大火下牛肉片快速翻波捲浪三兩下，八分熟趕緊淋下醬汁。這是最烈火青春的菜。

滑蛋牛肉溫柔些，牛肉要醃一下，蛋加少許鹽打散。肉片大火過油取出，放進蛋汁裡，再燒熱幾大匙油，倒下蛋汁，鏟子畫畫漩渦，蛋液八分熟即盛起。

便當不宜帶牛排，但切塊的牛小排或沙朗、菲力，以小立方體在飯盒中出現，還是會讓孩子驚喜。這時我會把牛肉先以醬油、太白粉、蛋白入味半小時，大火炸三十秒即取出。之後炒杏鮑菇、甜椒、洋蔥或花椰，甚至，只加簡單的蔥屑、蒜末、鹽、黑胡椒。傅培梅的做法，拌蔥屑、香菜屑，滴幾滴麻油，也很下飯。

週末才有閒工夫，熬個紅燒牛腩、紅酒燉牛肉之類。紅酒燉牛肉前置作業拉得較長，切大塊的牛肉，先要用紅酒、百里香等等香料醃個大半天，有作者從歐洲給我寄來香料，我只要聞起來味道不錯就亂加一通。然後敷一層麵粉入鍋煎一下，鎖住水分，取出。炒香蒜片、洋蔥，再丟回牛肉塊，以及洋裡洋氣的蔬菜如西洋芹、胡蘿蔔、番茄、磨菇，三、四大匙番茄醬拌炒，加一杯紅酒、兩杯高湯、月桂葉兩片，煮滾了轉小火燜煮至爛，加少許鹽、黑胡椒調味。

我在巴黎吃過難忘的紅酒燉牛肉，至今還沒找出最相似的味道。有時懷疑，問題不在香料而在紅酒？有時懷疑，問題在場景？那是在零度左右的寒冬裡，我們一家在外頭愈走愈冷，躲進塞納河畔的小館子，橋的對岸正是巴黎聖母院。我們像法國人那樣，吃了很久很久。都聊些什麼呢？嘲笑爸比盤裡的牡蠣嗎？（有一晚，老公的主餐點了生蠔。一整盤生蠔！雖然有一點配菜和醬料、檸檬等物，但主食的確只有生蠔。數一數，一二三四五六七八九，九個帶殼的生蠔。我對小孩說：「爸爸今天吃了九頭牡蠣！」故意以「頭」爲計量單位，與牛羊駱駝類比，把小孩逗得咯咯笑不停。後來每次老公吃生蠔時，我和小孩就會在一旁發出邪惡的怪笑聲：「九頭牡蠣！」「九頭牡蠣！」眞是不可理喻的一對母子啊。）我只記得第二天，巴黎下雪了。

我的胃口其實更喜歡中國式的燉牛腩。把整塊牛肋條放鍋裡煮半小時，撈出切塊，熱鍋炒香大蒜、薑片，放回牛肉塊，加米酒、醬油、八角、糖拌炒了，倒回原鍋濾去雜質、浮油的牛肉湯，小火燜煮至少一時許，加入白蘿蔔再煮四十分鐘。算算這一道，真得託付浮生半日。我常把稿子或書拿到餐桌上，伴著八角放逸的市井煙氣，一個下午，這邊讀讀，那邊望望。

從漫著霧氣的玻璃看湖上白鷺鷥獨自覓食，不免想，如果當年早早就吃了牛肉而嫁不掉，我又將過什麼樣的人生呢？

買魚、煎魚

小兒幼時有本童書《第一次上街買東西》，他很喜歡，一次次要媽媽講，講到主角小女孩跌一跤，即使早有預期心理，還是會唉喲一聲，說：「痛痛！」那書，總讓我想起第一次上菜市場買的兩條魚。

應該是國小四、五年級時吧，阿姨家那時開米店，後來阿姨曾在三重賣過米苔目，阿姨做什麼都好吃，生意好得不得了，又後來，開過成衣廠，都是她一手張羅，眞的是很能幹的女強人。阿姨生五個小孩，大女兒還小我幾個月，也跟阿姨一樣能幹，照顧弟弟妹妹、煮飯、洗衣。講起大表妹，我媽便說：「看看人家，多會幫媽媽做家事。」這種時候得請我爸主持公道：「怎麼能這樣比？每個人命不一樣嘛！」這話讓我媽瞠目結舌：「那就是我的命不好囉？」

有個週末我住在阿姨家。快晚飯時，阿姨想起我愛吃海鮮，他們家是肉食主義，滿冰箱都是肉，沒有海鮮。但阿姨走不開，拿了一百塊給我，要我去菜市場買點魚回來。大表妹還得幫忙廚事或是給妹妹洗澡，由二表妹陪我去菜市場。我看了好幾攤魚，最後買回兩條金線鰱。

這麼多人吃飯，只買兩條扁扁的小魚，阿姨一看便笑了，問我爲什麼選金線鰱？我毫不猶豫回答：「很漂亮。」看來，無可救藥的外貌主義，眞的是與生俱來的。那金線鰱身上有一條條金線，紅色的尾鰭薄紗一般，很耀眼。阿姨笑說：「吃到嘴裡不是都一樣？」

其實那是我第一次自己作主買菜，在家裡頂多幫忙跑腿，買個醬油、紅糖什麼的；走在三重一個黃昏市場，錢捏在手裡，緊張得不得了。大表妹習以爲常天天做的事情，對我卻是破天荒。

而下一次，我自己作主買菜，卻是十多年後，我到了洛杉磯。

華人超市可買到整條的魚，鱸魚之類吧，選定後，可請他們殺好、加冰塊保鮮帶回來。但平常我們幾乎不會去買「整條」的魚。到底是學生，方便起見，那段時間吃的多半是較容易買到，切片的鱈魚、鮭魚、鯛魚，愈來愈像洋人了。

於是回到台灣頭幾年還做菜時，我便迷戀吃「完整的魚」。尤其喜愛乾煎，小黃魚、鯧魚，煎得金黃微酥。即使紅燒，也要經過類似的步驟，魚的皮、肉吃來才有層次。

在烹飪所有的基本功之中，跟所謂「教育理念」最爲相通的，大概就是煎魚這件事了。

勵志書裡經常提到一則小故事。某人小時候在家裡吃到的魚永遠是去頭去尾的，所以當她長大結婚、開始掌廚之後，煎魚時也自然而然模仿母親把魚的頭、尾先切掉。她老公覺得疑惑：「魚頭也很好吃啊，妳爲什麼不煎條完整的魚？」「魚頭不必切嗎？我媽煎魚都會切掉頭尾的呀！」「妳媽很奇怪。」於是她回家問媽媽，媽媽不假思索回答：「沒有什麼特別原因，只是因爲我們家鍋子太小，只好把頭尾切掉才擺得下。」

這種故事我一聽就覺得不可信，連一條普通大小的魚都裝不下的小鍋子，平常炒菜也很困難吧，蔬菜多半會縮水，要炒出一盤來，可需要好大的一把菜，何況還要有翻動的空間。因爲貧窮，沒錢買大鍋子這理由也很牽強，他們都買得起魚了。

不過，別管眞實性，勵志專家藉這小故事主要是告訴我們，人常常不知不覺地自我設限，就像故事中的主角，自動把魚切掉頭尾，只因爲從小看媽媽這麼做；其實每個人都潛力無窮，而你是不是不知不覺間，還沒嘗試就劃地自限，先切掉了自己的頭、尾呢？

我從煎魚中體會的是另一個道理——做父母的不要對孩子干預過度。

如何把魚煎得完整、不破皮，許多專家各有小撇步，有說熱鍋之後，先在鍋底用生薑抹過；有說在熱油中放少許白糖；有說魚下鍋前先抹點麵粉、地瓜粉或蛋液；最簡單的教法是：選一口「不沾鍋」。但無論按哪一種做法，我想，要煎得漂亮，最重要的是火候的控制。

煎魚時，鍋要熱，熱油、下魚之後，先大火煎一分鐘，轉中火，至少煎三分鐘，若是厚實的大魚，還要再久一點，然後翻面，一樣大火煎一分鐘，再轉中小火煎兩、三分鐘。這時如果覺得剛剛翻起時表面色澤不夠赤豔，可謹愼翻回再煎一下。重點是，這過程之中，不要頻頻去翻動、試探，緊張兮兮一直以爲會燒焦。在它表皮尚未

跟所謂「教育理念」最爲相通的，大概就是煎魚這件事了。
不要頻頻去翻動、試探，緊張兮兮一直以爲會燒焦。
在它表皮尚未堅硬時，一去動它，必定破皮、黏鍋。
這跟對待孩子是一樣的道理，干預過度，有時比不管還糟糕。

堅硬時，一去動它，必定破皮、黏鍋，多動幾次，便皮開肉綻，慘不忍睹。這跟對待孩子是一樣的道理，干預過度，有時比不管還糟糕。

我想起孩子小時候，帶他去音樂教室團體的奧福班學習律動。一群三、四歲的小朋友玩各種律動遊戲、打擊樂器，每個孩子天生的音感、節奏感不同，學習的效率也不盡相同，老師怕父母們在旁邊囉囉嗦嗦，通常把大家關在門外。那扇木門，中間有塊透明玻璃，許多父母便擠在那塊玻璃前張望，看自己的孩子表現得好不好、專不專心、聽不聽話。那時我通常帶本書，或是稿子，坐在一旁寫自己的東西。時間到了，老師就會開門讓家長進去看孩子表演啊，大家到底在緊張什麼呢？

我煎魚時，通常會設一下定時器，這中間可去準備下一道菜，不要老盯著鍋裡的魚看，不會燒焦的，燒焦了你的鼻子會先聞到。只要耳朵沒聾，定時器自會告訴你時間到了，該翻面、該起鍋了。

花枝亂顫

花枝是說美人，韋莊的〈菩薩蠻〉「此度見花枝，白頭誓不歸」，寫他對江南溫柔鄉的眷念。花枝招展，說的還是打扮婀娜多姿的女人。在我眼裡，海裡的「花枝」也是婀娜多姿的，偏偏不是人人都認同。

作家簡媜就不愛小管、魷魚、花枝類食物，而且第一個原因，竟是因爲牠們長得醜。她說：「依我的偏見，海洋裡所有列名人類菜單中，以『頭足綱』親族長得最醜……」唉，雖說美醜見仁見智，我還是覺得冤枉，牠們眞的不醜。

先不論牠們置身餐盤裡的模樣，我喜歡逛海洋館，曾靜看一些「小管」在大玻璃缸裡游泳，舞動牠們身上半透明的外套膜，那眞是美麗的白紗舞衣。而且牠們游泳的姿態悠悠然，雖有觸鬚，卻只是緩緩舞動，像海葵般伸展，極少做張牙舞爪狀。牠們給人的印象是沉靜的，比例特別大的頭部，似乎注滿智慧，難怪童話故事裡，如《彩虹魚》中扮演長老、智者的便是頭足綱的章魚。

在生物學上，牠們跟貝類同屬軟體動物門，不同的是，牠沒有硬殼，不得已而演化出體內的墨囊，遇敵時噴墨落跑，不算過分吧？具說花枝善逃，在海裡沒什麼天敵，最大的天敵是海豚，其實怎麼算，牠的天敵都是人類。因爲這一支頭足綱隊伍，下鍋後均美味。

小時候，花枝還給我一種富足感。我喜歡爸爸做的大滷麵。外頭的大滷麵，作料幾乎都是肉絲、香菇、木耳、豆腐、蛋等等，爸爸的大滷麵裡還有花枝。多了花枝，便覺得這麵不那麼尋常。

Q勁、彈牙這類詞彙被一些美食節目用俗用濫了，雖然花枝生來就有這優點。我喜歡花枝更甚於小管、中卷，正因爲它的柔軟度，而顏色雪白也給我好感。所以我喜歡的花枝做法，常以不改顏色優先。雖說塔香、三杯、沙茶、XO醬爆等做法可口下飯，僅偶一爲之；炸、涼拌都不適合帶飯。最喜清炒，保持花枝原色原味。

清炒簡單，配料卻多變。花枝可獨立擔綱，若與干貝、蝦仁合作，便是洋洋海鮮大餐；可佐以木耳、菇類、節瓜、小黃瓜、紅蘿蔔、洋蔥、青椒、甜椒、銀杏、西芹、筍片……，冰箱裡有什麼配什麼。花枝（或與其他海鮮）先過油盛起，蔥、薑、蒜、辣椒片打底爆香，加入配菜拌炒後，花枝海鮮會合，邊炒邊下調味。調什麼味？鹽、糖、香油、米酒、白胡椒是基礎台式炒法；我也喜歡加入一杯熱高湯，地瓜粉水勾芡，起鍋前放兩匙醋，有夜市生炒花枝的生猛。

無論花枝原形是美是醜，下鍋前皆被美容塑身。表面刻上阡陌，術語稱「切花刀」，然後切片，下鍋遇熱後，它自然捲曲露出成排白色小格子、小牙齒，這是它最常出現在餐盤裡的模樣。體形苗條瘦長的花枝可切成圈，炒出一盤白嫩嫩的髮圈挺可愛。有時想見更清爽的畫面，把它切成細條狀，與四季豆結伴，點綴一兩片紅辣椒，加少許清水或高湯，炒出來悅目爽口。

小管還可以改造成「菊花」。把小管去除頭、尾，當然不是扔掉，可以另外炒一小盤三杯小卷。只使用圓柱形的身體，剝除灰黑的薄膜，切成四公分長的圓圈，由上縱切三公分不切斷，一放進滾水中，馬上就縮成一朵朵白色的小菊花。另外切幾片紅蘿蔔、節瓜或小黃瓜圓片燙熟，擺上盤子做為襯底，把小菊花一朵朵放上去，再撒點檸檬椒鹽，或是蘸醬油膏吃。小孩跟我說，什麼都不蘸也好好吃啊！

蝦說

去新加坡演講，每個見到我的新朋友，一定問一句：「以前來過新加坡嗎？」「來過來過，一家人來旅遊，還來了兩次。」「那麼喜歡新加坡啊？」我不好意思說，新加坡是好玩，但更讓我們一家念念不忘的，是新加坡的巨無霸蝦子呀！

跟大家混熟了，忍不住描述以前每次來，都要造訪離烏節路不遠、一個天橋下的小販中心，有各式海鮮……。他們一聽：「牛頓區！不會錯！」於是安排我回台之前那一夜，好好去舊地重遊。

一見到琳瑯滿目的海鮮小店，馬上熱血沸騰。就是牠！那個「虎蝦」，個頭實在太壯觀啦！其他魟魚、螃蟹、龍蝦便不必說了。有趣的是，每兩個海鮮攤，中間必夾一攤冷飲，讓食客吃了冒火餐之後，馬上消火。

我在基隆長大，一家人都嗜吃海鮮，有時爸媽蒸一大鍋螃蟹，全家圍著啃螃蟹，簡直當飯吃呢。而我喜食蟹螯，家人也都讓我，一堆蟹螯丟我碗裡，我有耐心把它們嗑得乾乾淨淨。有一回，某貴婦人請吃飯，在晶華酒店的柏麗廳，侍者推車送來一籠新蒸好的螃蟹，人人取一隻。那螃蟹不大，但殼薄多肉，極鮮美，正打算好好對付那對可愛的小鉗子，卻看在座每位先生女士秀秀氣氣以筷子夾出幾口白玉般的蟹肉入口，便放下了整隻蟹任由侍者收走。這叫吃蟹嗎？猶豫了一下，我仍處變不驚，一隻腳一隻腳把那蟹吃乾淨。我至少得對得起捨身的螃蟹呀！

有回看牙醫，醫師檢查我的牙齒，先是說：「常喝咖啡、茶喔。」接著說：「妳喜歡啃堅硬的食物，像是雞翅、螃蟹對不對？」我想，天啊，這牙醫師會算命！他說：「這些都記錄在妳的牙齒上啊。」

平日孩子的便當菜不適合帶螃蟹，蝦子進飯盒的可能性高多了。兒子愛吃蝦，蝦也是營養的，而且很幸運，一家人都不對海鮮過敏。孩子五天的便當裡，一葷一素一蛋或豆腐是主要結構。而葷菜中，多半一天肉類一天海鮮；海鮮類中，則是魚、蝦、貝類間隔著做，於是每個禮拜經常總會做一次蝦。

蝦子做便當菜，所有帶頭、帶殼的做法都不宜，不但體積龐大佔據空間，且孩子早早吃完休息要緊，不會有那閒工夫剝蝦子，還弄得滿手油膩，因此只能在蝦仁上玩花樣。

滑蛋蝦仁是一定要會的。我的做法是，蝦仁用一點蛋白、鹽、太白粉醃過，起油鍋，先下蔥花炒香，兩大匙水、一大匙米酒煮沸，下蝦仁炒至變色，加點鹽、少許芡水，最後再加入蛋液，七分熟就關火，餘熱可把蛋烘熟而保持滑嫩。

清爽一點的，蝦仁炒豆苗、炒絲瓜、炒蘆筍、炒甜豆或炒白菜梗都清鮮可口；有時想做比較下飯的口味，炒XO醬是最簡單的。我自己嘗試用柚子胡椒醬來炒，醬汁如下：一茶匙柚子胡椒醬，少許鹽、糖，米酒一大匙，水一大匙，太白粉半茶匙。蝦仁一樣用鹽、蛋白、太白粉醃一下，大火把蝦仁炒至捲縮成球，先撈起，爆香蔥、薑、甜椒，然後放回蝦仁，一邊加入事先調好的醬汁，迅速拌勻便可起鍋。市面上許多蔥爆蝦球使用沙茶醬，我覺得吃起來口味混濁，不如柚子胡椒辛香明亮。

說到蝦仁「捲縮成球」，處理蝦仁時，去殼、挑去泥腸後，順手從蝦背縱剖一刀，它遇熱後自然會捲成漂亮的球狀。蝦子視覺上胖墩墩的，也可愛了起來。

今天不做便當

蘭花蝦

一家人都嗜吃蝦，但進便當的蝦，只能有柔軟的身子，蝦仁是也。以前大哥還住德國時便說，他們一定得帶孩子去水族館看蝦，免得小孩以爲蝦子天生就長成蝦仁的模樣。

說眞的，蝦仁固然方便，還是不如帶殼的蝦清鮮。週末不做便當時，有時去海邊吃活蝦料理——我無法處理活物，心理上過不去，因此只能做做便當廚娘，絕沒有當大廚的架式。

去富基漁港、龜吼漁港、澳底海邊吃活蝦，我最喜歡點燒酒或枸杞清蒸蝦。有時去吃泰國活蝦，胡椒蝦、檸檬蝦我都愛。那種店，櫃檯常供應一種古早味小糖果，像小西瓜似地，放在玻璃罐裡讓顧客自由夾取。老公付帳，我和兒子忙撈糖果，我跟兒子說，小時候很喜歡陪哥哥去理髮，就是因爲理髮師父都會給我這種糖，「一定是因爲我從小就可愛。」兒子說：「我看是怕妳哭鬧吵人吧。」

有時，去市場買特大明蝦來做鹽烤蝦；有時做個鹽酥蝦；有時炸個只留著蝦尾的蘭花蝦。蘭花蝦可選用明蝦或個頭較大的草蝦，剝殼後把身體直切三刀，蝦尾連殼不切開，然後醃一下。醃料用薑汁酒，把生薑壓出點汁泡在米酒裡，加點鹽、太白粉即是。

打一個雞蛋，加少許太白粉，拌成稀薄的蛋粉糊；油加到十分熱，轉中火，把蝦身三瓣分開，裹蛋粉糊，蝦身頂處蘸少許黑芝麻，入油炸透，這就是蘭花蝦了。盛盤時，到後陽台摘幾葉薄荷，或盤底襯上碧綠生菜，假裝眞是朵朵蘭花。

清蒸龍蝦

某個星期天，不必帶便當。兩個大小宅男忽然都想吃龍蝦，又不想去海邊吹冷風，以爲我變不出來嗎？龍蝦有什麼難！

蝦兵蟹將中外貌最偉岸的龍蝦，偏偏味極美，彷彿生而爲服務人的口慾，還穿了

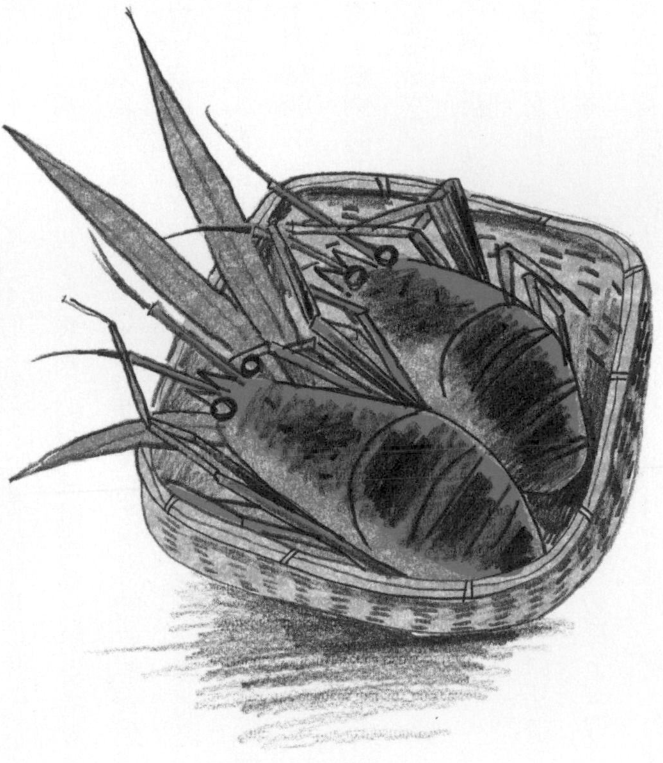

整治龍蝦不出清蒸、椒鹽、蒜茸、焗烤、沙拉幾種。
蝦兵蟹將中外貌最偉岸的龍蝦，
偏偏味極美，彷彿生而爲服務人的口慾，
還穿了一身對人類毫無用武之地的盔冑鎧甲，想想眞悲涼。

一身對人類毫無用武之地的盔冑鎧甲，想想眞悲涼。整治龍蝦不出清蒸、椒鹽、蒜茸、焗烤、沙拉幾種。沙拉是冷盤，冬日不宜；我們一家偏好不掠原味的清蒸。

活龍蝦我是不敢碰的，最好連頭也不要看到。到「高級市場」購得兩隻急凍尼加拉瓜小蜜蜂龍蝦尾。其實不是「蝦尾」，只是沒有頭而已，老外的龍蝦餐是絕不會出現頭的啊。這正合我意，龍蝦的頭實在長得太像想像中的龍了，我這屬龍之人，眞難面對。想起兒子小時陪他讀《西遊記》，讀到孫悟空向鷹愁澗的龍王叫戰：「潑泥鰍，還我馬來！」他樂得不停喊我：「潑泥鰍！」啊，那時光！

龍蝦尾解凍刷洗後，剪開腹部的殼，小心把肉取出，切成若干塊——小心，別弄亂了！等會還得一塊塊拼回去。加點酒醃十分鐘，再塞回殼裡，裝盤，底下襯嫩豆腐，上頭放一把切段的蔥、薑。進電鍋，外放四分之三杯水，蒸。

另切嫩薑絲、蔥絲、辣椒絲；調勻醬汁：蠔油、醬油、糖、水、白胡椒若干。龍蝦蒸熟了，捨棄上頭蒸爛的蔥薑，新切好的薑蔥辣椒絲天女散花般撒下；取鍋熱油，當頭澆下；另小鍋把調好的醬汁煮滾了，再度對整隻龍蝦甘霖普降。啊，熱騰騰的清蒸龍蝦上桌了！

今天吃西餐

暮春時與幾位作家結伴去花蓮，參加筆會與馬來作家交流活動。那是週五，我們搭太魯閣號火車。同行作家問我：「還做便當嗎？」

「當然啊！」

「說說看，今天的便當是什麼？」

「噢，今天我給他帶了椒鹽牛小排、蒜炒綠白花椰、荷包蛋、烤馬鈴薯。」

「便當還可以帶這種東西？」

「當然可以啊。」

「吃太好了！」

便當也可以帶西餐。我自己是中國胃，但這一代孩子愛西餐，有時候就換換口味，總不能天天紅燒魚、家常豆腐吧。

其實西餐比中國菜簡單，比如椒鹽牛小排。牛小排切小塊，先用蛋白、少許醬油、太白粉醃幾分鐘，入熱油大火炸一下迅速撈出。小火爆香大把蔥屑、蒜末，倒回牛小排，撒鹽、黑胡椒快炒即成。這有點像鐵板燒的做法，蒸過當然比不上現吃，但也還不致太糟。重點是可以轉換打開便當盒蓋的視覺和心情，西餐對於孩子來說，經常是帶著歡樂童年記憶的。

我們的上一代，念念不忘的是滷肉飯，我這一代，如我自己常懷念的是媽媽的竹筍粥、爸爸的大滷麵；而這一代孩子，記憶裡的西餐流溢著寵愛，應該是可以理解的吧。

於是我尋找更多看起來像西餐的菜。白醬圓鱈，蒸熟的馬鈴薯和鮮奶拌勻做成白醬，綠花椰川燙，橄欖油把圓鱈兩面煎至微酥盛起，放入洋蔥、蘑菇炒香，再放回圓鱈，加入高湯淹過食材，煮滾後加入綠花椰，小火燒一下，最後倒入白醬煮勻，撒上黑胡椒。

黑胡椒豬肋排。豬肋排切小段，先用米酒、醬油、蠔油、蔥薑末、黑胡椒醃浸二十分鐘，放入電鍋，旁邊擺一些配菜，紅蘿蔔、馬鈴薯、玉米筍、四季豆、磨菇等等，只要耐蒸的都可以放在肋排旁邊，外鍋兩杯水跳起即熟。這一道頗適合便當，不怕重複蒸。

還有義大利麵。詩人陳育虹教我的做法，絞肉炒熟，放進切塊大番茄、香菜，中小火炒到番茄軟爛了，倒入市售的茄汁義大利麵醬煮勻，再拌通心麵即成。還可以另做些肉丸子，或是炒些蝦仁、干貝、花枝拌在一起（不放絞肉），就是茄汁海鮮義大利麵了。

也做白酒海鮮義大利麵。橄欖油把蒜末、洋蔥末炒到金黃，加白酒、一點麵湯、蛤蜊加蓋燜煮，等蛤蜊開殼了，先撈出來，再加一匙橄欖油，然後放入煮熟的通心麵、其他海鮮拌煮至熟，放回蛤蜊，撒些香料——九層塔或是蘿勒、黑胡椒。坦白說，這時候我常喜歡亂加，架子上的迷迭香啦、檸檬香草啦，每次換一種，胡亂撒一點。老外吃的東西，特色不就在這些香料的瓶瓶罐罐？

我記得在德國那段時間，常常陪哥哥嫂嫂去買麵包，我起初不知道他們在挑什麼，那些麵包看起來都長得一模一樣啊，圓形、硬硬的，很有嚼勁的樣子（在台灣，那就叫作「德國麵包」），卻分成那麼多種類——原來相異只在上面撒了什麼香料而已。

鹽呢？我在煮麵時就加在麵湯裡了，同時也加一勺橄欖油同煮，約煮十分鐘，不要煮得太軟爛。噢，至於麵，我買了各式各樣的通心麵，條狀的、蝴蝶結的、貝殼的、圓柱形的……，最好小孩打開便當，每次形狀都不一樣啊！

卷四

便當之三國演義

「三」者為多，怕蔬菜單調，經常要配個二色蔬。
海鮮要三鮮，紅燒肉，也非「三層肉」不可。
我做便當，三道菜為大原則。
為我熱愛三國歷史的小孩，在廚房裡水掠火攻，
神謀妙策一日日便當演義。

香料

做菜時最能增添遊戲效果的東西，便是香料。瓶瓶罐罐，這個加一勺，那瓶撒一把，眞像小時候的家家酒。逛超市時，通常跟老公兩人進賣場後各走各的，我買菜，他去訪視他永遠看不膩的電器、電腦、通訊器材。我們有個默契，結帳前也不必打手機，賣場裡吵鬧，常常聽不見，最後便在香料區會合，因爲即便已經買完了，我還是可以把那些瓶瓶罐罐一一拿下來，像欣賞化妝品似地嗅聞，閱讀它們的用途、產地。

中國式香料，最常用在滷味，八角、陳皮、花椒，與糖、醬油、酒、水調配。做留學生時，沒事滷一大鍋分好幾餐吃，人人都拿手。還有茶葉蛋，我自己習慣不用市面上的茶葉蛋滷包，怕味道太重，喧賓奪主弄得像滷蛋，我多半只用幾顆八角和茶葉裝在紗布包裡，少許鹽、糖、醬油，小火煮即可。但要用好茶葉，據說有人用日月潭十八號紅茶（紅玉），我則偏好高山烏龍。茶葉在這裡，也算香料。

八角即大茴香，這香料我從小便認得。它常混跡瓜子之中，通常不會是整顆八角，而是剝落的一兩枚，那剝落的一角，扁扁的皀莢子似地，嗑瓜子的時候，曾不小心誤當瓜子丟進嘴裡，苦苦的強烈怪味，小孩子可受不了。大人笑說那是八角，不能吃啊，我吐出來一瞧，明明是五角形嘛！長大習做菜了才搞清楚，在瓜子堆中看到略近五角形的「八角」，只是大顆八角的一小瓣而已，完整的八角像星星，像一朵花。

花椒是小圓球，加入滷味、燒烤甚至蒸物，用途甚廣。還有豆蔻，既可搭配前述滷味，也可做湯、做白醬，市面有磨好的豆蔻粉很方便。豆蔻是直徑一、兩公分的小扁球，不過大家對豆蔻的印象，多來自杜牧的〈贈別〉詩「豆蔻梢頭二月初」（娉娉嫋嫋十三餘，豆蔻梢頭二月初。春風十里揚州路，捲上珠簾總不如），詩贈一位十三歲多的少女。這藉以形容十三、四歲「豆蔻年華」的，不是那結成果的小扁球，而是二月初枝頭含苞待放的花蕾。豆蔻花到底長什麼樣啊？我上網搜尋，發覺種類繁多，大部分是穗狀的，有紅有白，杜牧詩中以珠簾相比擬，可見正是成串穗狀的。

白胡椒在中式菜餚裡用途廣泛，無論燻、滷、炸、炒，一點白胡椒就能提味。黑胡椒則好像生來就比較「洋」。西式的焗烤、牛排不必說了，即使是最簡單的蔥花蛋，加點米酒、鹽、白胡椒調味，煎出來的蛋很中式；一旦換成黑胡椒，便覺得是西化口味了。

西式香料變化多得讓人眼花繚亂，站在那些調味架前，會錯覺自己是香水師。迷迭香氣味濃烈，常用來香烤食物。有時在美容院裡護髮，被推薦含有迷迭香的精油，說是能促進生髮、改善頭皮問題，我覺得恐怖，彷彿頭上頂一盤烤雞？

月桂葉橢圓，清香微苦，泰式料理中常見。古希臘用來編織獻給運動員的花環、獻給詩人的「桂冠」，用的便是月桂樹的小枝。我也好玩買一罐月桂葉，偶爾用來熬湯或是燉魚。

百里香葉子細小，中國古稱麝香草。那可愛的小葉子，傳說是引起特洛伊戰爭那傾城傾國之美的海倫，在特洛伊滅亡、帕里斯戰死之際，潸然落下的眼淚。我只知道它的香氣清新溫和，像檸檬一樣適合用來去腥，檸檬百里香烤雞翅，也許好吃得能讓餓肚子的人潸然落淚。

孜然感覺好像是近年才流行起來的香料，在餐廳裡吃到孜然，多半跟燒烤有關，但我喜歡拿孜然乾煸杏鮑菇。小火用橄欖油把杏鮑菇煎黃，加點蒜末續炒，最後撒上胡椒鹽和孜然粉炒勻，兒子非常買單。做義大利麵時，也可把這道孜然杏鮑菇鋪在上面，肯定是餐廳裡吃不到的。

檸檬香茅適合泰式料理或鍋物，有時拿來處理海鮮，有異國情調。最有異國情調的咖哩，反而是現在台灣家庭常備的香料。市面上許多調配好的現成咖哩配方多半為日式，但我總覺得太甜，還是喜歡自己調味，而且偏好辛味較重的印度咖哩粉，添加孜然粉，或是幾匙椰奶，會是完全不一樣的效果。

有回跟公婆一起逛一〇一超市，看見我拿起一罐檸檬百里香，婆婆困惑地說：「我都不曉得這些要怎麼用，我煮菜只會加鹽、糖、醬油而已。」我笑著放回去：「只是看看好玩啦。」其實那檸檬百里香我架子上已經有一罐了，要等那罐撒完來換個牌子嚐新，我得做多少個便當啊！

枸杞與紅棗

枸杞與紅棗，對我而言親切得就像鹽、糖、醬、醋，我沒把它們當補品，冰箱裡經常存放著。炒高麗菜撒一把枸杞，燉雞湯時放幾顆紅棗，喜歡它們的甜味，喜歡那豔紅色澤，如果還能順帶補補身子，那就是連帶的 bonus 了。

枸杞明目；紅棗滋補，還可把身體裡多餘的膽固醇轉化爲膽汁酸，兩者都美容養顏，有益健康。有回在台北書院，我拿起桌上的大紅棗，吃得津津有味，詩人管管說，妳每天早上吃幾顆，保管身體好。眞的？我又貪嘴再拿一顆。

枸杞就更神奇了。聽過一個故事，說盛唐時，絲綢之路上的客棧人來人往，忽聞一年輕女子厲聲斥責一位老漢，便有西域商人上前主持公道：「妳對待老者怎如此無禮？」女子說道：「我教訓我的孫子，干你何事？」眾聞者莫不驚訝。原來這女子已經兩百多歲，而那老人也已是九旬之人了。女子教訓，是因爲她這孫子不肯服用草藥，以致「未老先衰」！西域商人大感好奇，忙請教究竟是什麼草藥如此神奇？就是枸杞！原來他們族人四季服用枸杞，各個長壽。據說枸杞就這樣傳入中東和西方，還被譽爲「東方神草」。

我並不很懂養生，是眞的喜愛枸杞、紅棗的滋味，過年最愛的零食便是南棗核桃糕。枸杞、紅棗與山藥、蓮子、銀耳、紫米、桂圓等等養生食材，無論味道、功效都能相輔相成，容易搭配，眞是天生的好學生。

我常燉南瓜銀耳紅棗湯。銀耳泡軟，或買發泡好的銀耳，南瓜切小塊，加上洗淨去核的紅棗，小火燉二十分鐘，加一小把冰糖，再煮十五分鐘，冬天趁熱吃，夏天可冰鎮後食用；這是我們家最常吃的養生甜湯了。

枸杞與酒蒸蝦最好，可惜連殼的蝦不適合帶便當，我常做的是枸杞蒸蛋。兩顆蛋約配三百cc的高湯，拌勻，加一小把枸杞，也可再加點香菇丁，少許鹽，進電鍋一杯水蒸熟。小孩的口味跟我近似，也喜歡枸杞的香味，我常笑他的味覺是個老靈魂。

其實關於補品，我媽結婚時才十八歲，且從小家貧，爸爸則隻身來台，在我家並不懂得食補這一套。倒是我阿姨，過繼給做過總鋪師的人家做女兒，懂得吃。我出國留學時，阿姨便準備了一大包四物，一包包用密封袋分好，要我記得每個月自己燉排骨或雞腿吃。那四物我放冰箱裡，有一搭沒一搭的吃，有點怕中藥味，常自作聰明放幾粒紅棗，增添點甜味才敢吃。

在南加大的第一年，兩男兩女四個室友合住，多半我掌廚。可能個性大而化之，我家廚房常是附近台灣同學翻找消夜之地。有一晚我在學校用電腦夜歸，那些平日吃我的、喝我的傢伙們爲了表示也有感恩之心，打算煮一鍋香噴噴的麵迎接我。

那晚才一進門，就有人通報：「這次M掌廚，煮了一鍋十全大補麵。」怎麼會有這種東西？我鼻子一嗅，猜出個七八分，再到那鍋麵前一瞄，唉，這些男生，從冰箱裡翻出阿姨給我的四物，熬了雞，還加了麵。（什麼組合喲！）我定定地說：「那是四物。」幾個已經吃起來的男生惶恐莫名，有人尖著嗓子拿起電話，說要打回台灣問他媽：「我吃了四物麵，會不會怎樣？」

我倒是眞餓了，「統統可以補，吃了不會怎樣啦！」率先拿起筷子去撈，「咦，這什麼？」有一塊白白的東西，那絕不是四物。我夾起來端詳，終於明白，「你們把雞丟下去，不會先把吸水墊拿掉喔？」（天哪！那隻雞有洗嗎？）

於是有人衝到旁邊捶牆壁，有人氣得要把M的頭按到水槽裡……。噢！一說到補品，就想起我南加大的兄弟們，大家都好嗎？吃了那鍋四物麵，更溫柔婉約了吧？

九層塔的報恩

沒胃口的時候怎麼辦？三杯！三杯！三杯一出，馬上胃口全開。不只是三杯雞，三杯中卷、三杯透抽、三杯魚塊、三杯豆腐、三杯茭白筍、三杯杏鮑菇……，就愛三杯。

我娘家吃得清淡，尤其因爲爸爸有腎臟病，少油少鹽的飲食，我們很早就習慣了。口味太重的食物，我多半不喜，卻是對「三杯」情有獨鍾，覺得這一味特別的豪爽，特別有大口喝酒、大口吃肉的武俠味。

一直以爲三杯雞是客家菜。蒜頭、薑片炒香後，加入雞塊煎透，麻油、米酒、醬油各三杯，小火煨至湯汁收乾了，放大把九層塔，那香氣眞是勾人。當然每個人做法略有不同，「三杯」只是個比例，我通常各放個三大匙便夠了，且麻油會先炒過。

查資料才發現，「三杯」做法其實源自江西，還跟民族英雄文天祥有關。傳說一名江西獄卒，內心尊敬文天祥，但獄中能得到最好的食物也只有雞了，他使用甜酒釀、豬油、醬油各一杯，燉雞塊給文天祥食用，後來流傳爲重要的贛菜料理。我不曾照這做法做過，光是想到「豬油」就算了，更何況那做法裡沒有九層塔，九層塔是關鍵呀。

喜歡三杯，其實更大的原因是喜歡九層塔的味道。有時市場買了一小盒九層塔回來，一次用不完，多放兩天便壞了，接著便會動腦筋想想，還有什麼菜用得上九層塔？總之要儘量把九層塔用完，不忍糟蹋。比如九層塔烘蛋，少許油把九層塔剁碎炒香，加入攪拌好的蛋液中，少許鹽、一大匙米酒、兩大匙水，再下鍋中火烘煎。

或者塔香茄子。茄子切滾刀塊，先用鹽水泡一下，過油炸到微軟，撈起瀝油；鍋留少許油，炒香蔥、辣椒末，加入茄子段，中大火快炒一下，加入醬油一大匙、醬油膏一小匙，糖、鹽少許，高湯小半碗，小火煮軟，嗆一大匙米酒後，撒上九層塔立即蓋上鍋蓋、關火，悶兩分鐘起鍋。

一度有謠言說九層塔含致癌物，對我而言，眞的是恐慌，太喜歡它的香氣了。當然，那是謠言，已有更多的科學研究證實它非但不致癌，還能抗氧化、防癌、抗病毒。

婆婆知道我喜歡九層塔，有一次回婆家，她給了我一大盆。我搖頭不敢拿。「妳做菜可以摘啊。」「我怕被我養死掉。」我不是綠手指，常常把植物養死掉，花店買的也就算了，婆婆給的，總覺得責任重大。大姑好笑起來：「唉呀，死了就死了，也就是九層塔嘛。」

我抱回來，很努力看顧它，雖然腦海裡晃漾的是種種「三杯」的味道。「我要把你養得茂茂盛盛。」每天對它唱歌，遂捨不得摘它，一日復一日……

它果然被我養死了！「我終於失去了你——」我對它唱輓歌。細看那盆可憐的枯枝敗葉，咦，沒來得及摘它做三杯磨菇，它的身旁卻長出兩棵小磨菇呢。這是九層塔的報恩嗎？

口味太重的食物，我多半不喜，卻是對「三杯」情有獨鍾。
蒜頭、薑片炒香後，加入雞塊煎透，麻油、米酒、醬油各三杯，
小火煨至湯汁收乾了，放大把九層塔，那香氣眞是勾人。
喜歡三杯，其實更大的原因是喜歡九層塔的味道。

流淚之必要

看這標題就知道我要說的是洋蔥，其實不只洋蔥，蔥、韭菜、大蒜、蒜苗、紅蔥頭都會使我流淚，而最常讓我眼淚汪汪的是蔥，幾乎每天都一定會用到的蔥。

村上春樹開過爵士喫茶店，店裡供應一種高麗菜捲要用到碎洋蔥，開店那七年，他每天早上必須切碎一袋子的洋蔥，如此練就他切洋蔥不流淚的本事。他的祕訣是什麼呢？他說：「就是要在流淚之前趕快切完哪！」我想，他除了練出奇快無比的切菜身手之外，應該也練出了眼角膜對洋蔥組織釋放的那種刺激性酵素的忍耐力吧。

偏偏我這兩樣都很糟，我是個整天碰碰撞撞，連翻個文件都會被釘書針扎流血的人，所以即便天天做菜，刀法也還俐落，卻一定提醒自己：「慢慢來。」無論如何絕不催促自己快速剁菜。而我的淚腺之發達，大概要一萬字才能盡述，總之，手再快，快不過我的淚腺反應。

洋蔥未必天天切，且大部分的做法是切塊或切成洋蔥圈，讓我流淚的機會倒不多；蔥則多半細切成蔥花，日日教我流淚的真正元凶是它！蔥在廚事上用途廣泛，那是從神農氏的時代便傳下來了。相傳神農嚐百草嚐出了蔥的辛香美味，各種日常膳食必添加香蔥調和，後人還給了它「和事草」的雅號。和事草，卻天天令我淚眼汪汪。

怎麼樣可以切蔥不流淚呢？兒子提議過戴蛙鏡。所以我的廚房配備，除了漂亮的圍裙之外，還應該選購一只造型美觀的蛙鏡？（有嗎？）古詩詞裡凡提到「蔥」，十之八九意不在蔥，都是在說女孩子纖細白嫩的手指頭，比如歐陽修〈減字木蘭花〉裡「慢捻輕籠，玉指纖纖嫩剝蔥」，可不是在描寫廚房裡的工作，說的是彈琴之手。而我，現在生活裡非但再沒有「玉指纖纖嫩剝蔥」（我也會彈吉他呀）的畫面，卻要每天戴著蛙鏡在廚房裡剝蔥嗎？

我小時候其實不愛吃蔥，蔥、薑、蒜都不愛，都覺得有「怪味道」，吃完飯，我的碗裡往往留下從菜、湯裡挑出的所有蔥薑蒜。母親嘆氣：「挑這麼乾淨，妳還眞有本事！」我爸便說：「吃蔥才會聰明。」不知道是否受這種心理暗示，慢慢長大，逐漸接受這些辛香作料的過程裡，蔥是第一個被我接受的。我必須坦白說，到現在，我碗裡還是常常留下薑與蒜，雖然我自己做菜也一樣會用到它們，而蔥倒是挺愛吃的。

吃蔥才會聰明的信念，如今檢驗它，是不無道理的。各種醫學保健資訊裡，都說蔥能殺菌，預防胃癌、乳腺癌，利尿等等，還能促進血液循環，預防高血壓導致的頭暈，可使大腦保持靈活，預防老年癡呆……。啊，讓大腦靈活、預防老年癡呆，不就是讓人保持聰明嗎？廣西就有地方習俗，在每年農曆六月十六夜裡到菜園取蔥給小兒吃，可讓孩子「食蔥聰明」。至於台灣民間未婚女子元宵夜偷拔蔥，說「偷挽蔥，嫁好尪」，祈求美滿姻緣的習俗如何而來，除了押韻之外可有什麼道理？就不得而知了。

西洋人對洋蔥比對蔥的興趣高得多（不然怎麼叫「洋蔥」？），不僅飲食中廣泛使用，甚至生菜裡也有。歐洲中世紀時，洋蔥還是勝利的象徵。他們作戰時，脖子上掛一個洋蔥頭（什麼畫面啊！），認為洋蔥具有神奇力量，可保護戰士免遭劍戟弓箭之傷，還能激發勇氣和力量，最終獲得勝利。

小兒上了高中，未來還有許多仗要打，我又不能在他每次段考時叫他脖子上掛一個洋蔥頭去學校，那麼，我就多多烹煮激發戰力的洋蔥炒蛋、黑胡椒洋蔥牛小排、洋蔥焗雞翅，或是讓大腦靈活的蔥燒排骨、蔥花蛋、蔥爆雞丁吧！流淚是必要的。

瀰天蓋地

我對食物氣味的選擇往往更優先於它入口的味道，不能接受的氣味，再苦口婆心告訴我多麼好吃，都不想委屈自己的鼻子。嗅覺與味覺的位階，至少應該是平等的。

去年去一趟馬來西亞，旅行愉快，唯一害怕的是不斷被勸諫吃當地的榴槤。我知道這說出來一定令榴槤熱愛者生氣，但我眞是連有人在一旁吃這水果都要屏息。當然這是文化問題，我就完全適應臭豆腐的氣味。

我的感官靈敏，從小視力好，做幾十年書呆子沒近視；偏偏怕看成堆的木瓜子或釦子，在臉書上寫出這事，許多臉友來告訴我，這叫「密集恐懼症」。耳力不錯，也有缺點，無法忍受尖銳嘈雜，大學讀東海，舞會聞名校際，許多外校學生也爭相跑來見識，我卻從沒有一次能夠久留，耳膜承受不了。現在則是害怕某些洗手間裡猶如空襲警報的烘手機，有時如廁到一半，警報響起，耳膜快穿洞了，得摀著耳朵如廁；有時正在洗手，身後警報一響，嚇得倉皇逃難的身影，大概常令那些烘手者莫名其妙吧。是誰發明那樣的機器？手濕了，彈彈指頭就乾了，何況，我天天都帶著手帕，多環保。而嗅覺，老天，氣味是感官中最無法自主控制的，呼吸事關生存啊。

所以談食物，人們都說「色香味」，先是色，再是香，最後才說到味。對我來說，就算菜做得難看一點，如果香味撲鼻，還是會興奮品嚐。

我的陽台小花台上，便經常種著薄荷、紫蘇、迷迭香種種香草，早晨澆花時，靠近嗅聞，是一天清新的開始。

自從做便當，現在老公、兒子回家，進門第一件事，便是鼻子嗅一嗅，問我：「今天煮什麼？好香。」

有天做紅燒牛腩，把幾本食譜找來比較，最後選擇了傅培梅的做法，覺得看起來比較不油膩。整個房子被那氤氳香氣充滿——我知道，蘿蔔牛腩燒煮是香，但畫龍點睛是在那八角，沒有八角，這香氣是勾引不出來的。小火煨煮過程中，香氣瀰天蓋地，老公、兒子頻頻往廚房張望，滿懷期待。

有回我有演講，休一天假，反而比平日提早回家，便有充裕時間做個紅蔥頭燒排骨。那排骨，用肉多長方形的腹脅排，先用醬油、米酒醃三十分鐘。一小把紅蔥頭剁碎，幾片薑入油鍋爆香，取出備用。原鍋中大火加入豬排，煎至兩面金黃，轉小火，加回紅蔥頭和薑片，加入醃料（醬油、米酒）、八角三朵、米酒兩大匙、醬油五大匙、鹽少許，拌勻，再加入兩杯清水，轉大火，煮滾後轉小火，加蓋燜煮約五十分鐘至紅蔥頭化掉。最後拿掉鍋蓋，放入冰糖兩小匙，以中火收汁，這個過程裡必須不時翻動以免燒焦，直到湯汁黏稠才大功告成。

當然香啊，紅蔥頭夥同八角，把那排骨纏得盪氣迴腸，父子倆一進門便深呼吸。於是證明，美食的誘引，確是先從氣味而來的。

水果入菜

以前小孩曾問我，這個世界上你最喜歡、最喜歡吃的一種東西是什麼？想了一下，我喜歡巧克力、各式甜點，喜歡海鮮，尤其是蟹腳，喜歡清爽的蔬菜；但如果只能選擇一種食物的話，那一定是某種水果。然而我的困難是：要選哪一種水果呢？蘋果、櫻桃、草莓、水蜜桃、芒果、葡萄、西瓜、釋迦……，除了榴槤，我簡直沒有不吃的水果，而且什麼都愛。我最後回答他的是——在日本吃到的水蜜桃。

這答案其實是夾帶著旅行的滋味的。因爲深愛旅行，旅途中的美好滋味，會加乘保留在記憶之中。我們每回去日本，夜晚回飯店之前，總要到百貨公司地下超市去買三顆鮮嫩欲滴的水蜜桃，回旅館房間吃著水蜜桃，是一天疲憊行旅的甜美ending。在奧地利旅行，則到市場去買一大盒櫻桃或藍莓、覆盆子等漿果，當零食吃，尤其櫻桃不沾手最方便，外表又美，可以把它列在我的水果排行榜第二位。因爲旅行的關係啊。

小兒跟我一樣，最愛的食物也是水果，而且他可以不假思索地說出答案：最愛芒果！他喜歡夏天，一大原因正是因爲夏天才吃得到心愛的芒果。

在我還未做便當的時光裡，每晚下班衝回家，第一件事情，就是去洗、切水果。小孩有什麼話，都等到水果弄好了，一邊吃，一邊跟我說。那時冰箱裡沒有菜，沒有肉，除了牛奶、雞蛋、果汁，整個冰箱都是水果。每天一定要吃水果，這是家訓。

家裡每天飯後都會聚在一起吃水果，即使貧窮的童年，爸媽也會去尋找廉價的水果，以現在的眼光來看，購買盛產的水果，恰是最當令的。而我小時熱愛蘋果（不知道是不是因爲虛榮，知道蘋果比較貴？），爸爸偶爾買到不是太貴的蘋果，一次包下一大袋，每天給我吃一顆，他卻對哥哥說：「蘋果其實不好吃。」讓他們吃番茄、橘子。

國中時，有一次跟媽媽鬧彆扭，不肯出去吃水果，恰好乾姐林秀也在，便來房間勸導我。我說我只是不想吃水果啊，秀姐說：「可是妳明知道，在你們家，吃水果是個儀式，妳不出去吃，就是擺明了在跟媽媽生氣啊。」

是的，在我們家，吃水果是個儀式，一日不可無此君。我婚後也沿襲這傳統，每晚弄妥三份，老公經常回來得晚，留一份在餐桌上給他。現在孩子大了，未必要天天跟我一起邊吃邊聊，自己捧到房裡吃，我也隨他去。

但面對每天的便當，做久了，眞是變不出新花樣。一打開冰箱，弄點什麼水果到菜裡吧？

餐廳裡最常入菜的水果是鳳梨，鳳梨牛肉、鳳梨蝦球，蝦球是炸的，便當不宜，我便不做。夏天有芒果，可以炒個香芒牛柳。牛柳先用醬油、酒、太白粉、橄欖油醃過，快炒過油撈起後，燒個芡汁（蠔油一湯匙、玉米粉一湯匙、水二湯匙），再下牛柳、芒果，略拌一下即可起鍋，是省事的一道。芒果也可換成火龍果，或兩種水果一起上場，顏色更漂亮。

我小時熱愛的蘋果也適合入菜，常做的是蘋果雞丁。雞丁先用太白粉、鹽、蛋白略醃，大火快炒撈出，爆炒蔥、薑、甜椒或青椒，再加米酒、甜辣醬、雞丁，起鍋前加入蘋果丁，勾芡拌勻。芒果入菜，香味濃郁；蘋果入菜，甘甜之外還有種脆爽。當然蒸過後略爲遜色，這就沒辦法了。

水果入菜 215

以前小孩曾問我，這個世界上你最喜歡吃的一種東西是什麼？
如果只能選擇一種食物的話，那一定是某種水果。
每天一定要吃水果，這是家訓。
面對每天的便當，做久了，眞是變不出新花樣，弄點什麼水果到菜裡吧？

跟雞對味的，還有梨，這道是從《隨園食單》裡學來。〈羽族單〉裡有一道「梨炒雞」，試做後，老公、兒子都感到驚奇：「這道菜哪裡學來的？好特別。」「古書上抄來的。」

他倆這麼欣賞，是因為父子都喜歡吃梨，更勝蘋果。梨子潤肺，有時小孩感冒咳嗽，我會熬煮冰糖梨汁給他喝。這年頭水果甜度高，甚至不需要冰糖，如果手邊恰好有銀耳、枸杞都可加入。

老公看見我小火燉熬三、四十分鐘，熬出一碗熱騰騰梨湯給兒子，心下羨慕。有一天，他也咳嗽了，喜孜孜問我：「我可不可以也喝那個？」原來他覬覦已久，早說嘛，「那不用感冒也可以喝啊！」

梨炒雞

吩咐老公下班順便去 Costco 帶鮮奶、馬鈴薯回來，「如果有漂亮的水果，也買一點。」他買回鮮奶、一大盒雪梨，卻忘了馬鈴薯。這很正常，通常一次只能吩咐他做一件事，如今三樣買了兩樣，命中率不算低。

那雪梨好漂亮好新鮮，夜晚開冰箱思考第二天菜單時，又見雪梨，明天再做個「梨炒雞」吧。

人的胃口是會變的，我記得兒子小時候，我們若去西餐廳，我多半點海鮮，老公勇於嘗試，會先等我們決定了，然後點一道跟我們不一樣的東西。兒子呢，最常點的是烤雞之類。而現在，他告訴我比較不那麼喜歡吃雞。怪了？更進一步發現，我做炒雞丁、洋蔥雞翅什麼的，他仍喜歡，不喜歡的是三杯雞、芋頭雞、灼八塊之類，綜合分析，也就是不愛吃翅膀以外的帶骨雞肉。那麼雞翅的變化之外，雞胸肉料理我也得多多研究，畢竟沒骨頭，帶便當比較方便。

於是，在《隨園食單》裡發現梨炒雞這道很吸引人的菜名。食單上是這麼說的：「取雛雞胸肉切片，先用豬油三兩熬熟，炒三四次，加麻油一瓢，芡粉、鹽花、薑汁、花椒末各一茶匙，再加雪梨薄片、香蕈小塊，炒三四次起鍋，盛五寸盤。」

這菜到我手裡，首先，「雛雞」哪裡找？太麻煩，而且想到是小雞心裡就覺得彆扭，改成土雞里肌肉吧。再來，豬油也別理了，健康第一，換橄欖油！雞里肌或雞胸肉、雪梨切薄片，泡過水的乾香菇切小塊，薑榨點汁出來，與麻油、芡粉、鹽、花椒粒調成醬汁。大火快炒雞肉片，加入醬汁，再下香菇炒熟；最後下雪梨片，炒幾鏟就起鍋，讓雪梨片仍保持甜脆。

沒想到這一道菜大受歡迎，尤其老公特別欣賞。花椒的辛香燻上肉片，與清新的雪梨一同入口，滋味有層次。可我一同入口的，不慎還有一顆花椒粒。不小心咬到了花椒，一股麻刺的涼苦味久久不去。做菜，第一，要有自省能力，想想這樣太粗糙了，吃的時候還得小心揀掉花椒粒，宜改之。

下回到超市，找到小罐裝的花椒粉。再試一次，以花椒粉取代，我覺得滿好，但老公懷念第一次吃到的味道，說花椒味比較濃比較香。嗯，做菜，第二，要納諫如流，再改進。

怎樣解決花椒的問題呢？我決定雞肉片先用花椒粉醃十分鐘；油鍋下肉片前，撒一把花椒粒，小火炒香，撈起，其他步驟與前述相同。如此，濃郁滋味裡咬出一股雪梨的清甜。終於完成我美味的梨炒雞，革命三次成功！

以酒入菜

早該知道自己有點酒量的。小時候媽媽煮麻油雞，那是大哥的最愛，但有次吃多了，平日沉默寡言的他，竟然滔滔不絕說起學校的事。媽媽嚇壞了，趕緊把他趕上床去睡，我和二哥啥事也沒有。

工作後察覺，偶爾跟人拚酒，並不落下風。留學時期，大夥喝酒，慢慢也被看出酒量。婚禮那天，新郎新娘敬酒時，我一喝，根本是茶嘛，拿起小酒杯，一口就乾。伴郎悄悄指點：「新娘不要喝太快。雖然是假的，還是要裝一下。」新郎嘿嘿笑說：「如果是眞的，她喝得更快！」伴郎跟我老公是少年時一起長大的哥兒們；後來有次來家裡吃飯，酒足飯飽時滿意地嘆口氣：「本來遺憾Pocky結了婚就沒人跟我喝酒了，想不到照樣可以去他家喝，而且還是跟他老婆喝。」

我的婚禮像一場鬧劇，跟我的國中同學們喝開了，該準備「送客」時，二嫂慌張地到處找我，發現我坐在同學堆裡拚酒。她大喝一聲：「該換禮服送客了，妳還躲在這裡喝酒啊！」老同學阿文說：「這個新娘到處灌客人酒，快把她帶走吧。」從此老公認定他根本就是娶到一個酒鬼。

酒啊，不會每天喝——那叫酗酒，但每天拿來做菜總可以吧？

流理台下櫥櫃裡，米酒、紹興酒、烏梅酒、白酒，跟麻油、醋排在一塊兒，在這裡，都是調味料。米酒用得最兇，雖然平日不會去煮燒酒雞、麻油雞，但是大凡中國式料理，它幾乎無役不與。海鮮烹調，加一大匙米酒可去腥；炒青菜時，加一茶匙可提味；三杯、紅燒、醋溜、醬滷都少不了它，連炒個蔥花蛋，加一匙米酒也會更滑嫩。

紹興酒最好做醉雞、醉蝦。陳紹與醬油、冰糖共事，可燉出甘醇的東坡肉。

紅酒、白酒、梅子酒甚至啤酒，則是燉牛肉、燒鴨、做義大利麵的良伴。對我而言，紅酒是巴黎，在那裡有我難忘的紅酒燉牛肉滋味。

啤酒燒鴨讓我想起琦君。鴨肉有種腥味，其實不容易料理，琦君用啤酒、大蔥小火燉，燒出來完全沒有腥味。那個冬天，爲寫琦君傳，我常一大早從南港搭捷運到淡水，一次次見面，琦君阿姨已失憶，每一次見，都要重新介紹我自己；然而說到做過的菜，她雖已無法描述程序細節，但對自己的手藝，隱隱還是得意的。

白酒屬於義大利，白酒蛤蜊、磨菇雞肉、白酒蒜蝦麵……。我記得第一次決定不煮飯，想來做個義大利麵吧，櫥櫃裡東翻西找，滿櫃的紅酒，竟沒有一瓶白酒。下回吧，那個週末去超市採買，我在酒區流連張望。

「又在看酒了！」老公抓到酒鬼的口吻。

「要煮義大利麵啦！」

山珍美味

小孩吃東西，視覺的感受先於味覺，因而外觀是否吸引他，是重要的。我小姪女小時不肯吃薏仁，說那是小牙齒；不吃豆豉排骨，說裡面有蟑螂蛋。而許多小孩喜歡吃花椰，我想，花椰長得像棵小樹是主要原因。還有菇類，長得像小雨傘，大部分小孩都喜歡。我就是這種小孩。

從小所有菇類來者不拒，最好是整朵給我，不要切片，放在碗裡還要先欣賞一番。香菇是柄短短的傘，給矮人拿的；金針菇柄長、傘面小小的，是給瘦長的竹節蟲撐的；磨菇本身就是個小胖子，傘面和柄同高，只能讓螞蟻躲在裡面；草菇最漂亮啦，送給蝴蝶；鮑魚菇沒辦法當傘，倒像個大蒲扇。小時候沒見過杏鮑菇，不然會分發它去當涼亭；不知有巴西磨菇，不然會說它是英國衛兵吧。

我媽說她小時候吃香菇會醉，我無法理解，後來也不曾聽過，「是因爲那鍋香菇雞加了酒吧？」她堅持沒有酒，眞的是因爲吃了香菇而醉。太怪了，但後來我聽過有人茶醉，便想著人各有體，什麼可能都有的。

自古人們說「山珍海味」，「山珍」就是指香菇。吃素的人，最重要的蛋白質來源便是菇類，一些模仿肉類的素菜加工食品，仿得維妙維肖，就是菇類做的，有人還稱它是「蔬菜中的牛排」。這可怪了，長得分明像植物的菇，質感卻像肉？像牛排？以前在雜誌上讀過一篇討論，關於菌類應歸屬動物還是植物的爭議，非常有趣。原來這個問題在生物界始終懸疑。

查維基百科，現在菇類所屬的眞菌，與動物、植物及原生生物並列爲眞核生物中的四個界。這是根據基因研究的現代分類法，但若論生物的特質，菌類仍令人困惑。

早年的生物學家普遍把菌類歸在植物界，它們由極細微的孢子來傳播繁殖，只是沒有葉綠素，不能進行光合作用。但有科學家在眞菌中發現一種與水螅相似的小「動物」；且眞菌在地球生命史的早期就已出現，加上沒有葉綠素，不能自行製造食物，認爲不應屬於植物界。

說起來，菇類就像寓言故事裡的蝙蝠，哺乳類、鳥類都不認牠。而最有趣的，早年還有一派學者觀察眞菌的形態，皆是植物組織「分泌出的產物」，認爲它們就像植物身上的廢料，根本不能劃入生物的範疇，說它們更接近礦物。當然，現在我們知道那些植物的「分泌物」，就是眞菌本身，是生物無誤。

脫離植物獨立出眞菌界，是到了二十世紀初的事。現在普遍認爲，它們兼具植物和動物組織的特質，例如它能直接進行氮交換，接近動物；而細胞構造有細胞壁和細胞膜，則近於植物。還有人說，眞菌出現在這個世界上，似乎就是爲了刁難研究者用的。爭論似還延續中，但從我的觀點，如果菇類也算動物，那麼吃素的人未免太可憐了，單憑這一點，就絕不能把它們劃入動物界啊！

也有一種瑜伽素，把食物分成悅性、變性和惰性食物三大類，認爲不能行光合作用、躲在陰暗處、寄託腐木生存的菇類，與肉類同樣是沒有生命能量的惰性食物。我想，媽媽聲稱她吃香菇會醉，一定是她的本質太勤勞了。至於我呢，覺得浮生悠悠，有時「惰性」一下又何妨？香菇多糖能抑制癌細胞的生長，天生萬物各有所用，各有奧祕；只可憐了痛風症患者，它的普林多蛋白含量較高，一如豆類、香蕉，不宜多吃。

亦葷亦素、不葷不素的菇類，在飲食中其實無所不在。看阿基師的食譜，炸豆包燒白菜，香菇先切粗條備用；蛋酥滷白菜，乾香菇泡發後切小塊備用；紅燒匏瓜，香菇切絲備用……。備什麼用呢？跟蔥蒜等等作料一起炒香之用。幾朵香菇，便能使自身缺乏氣味的食材增添濃郁的香氣。

菇類氣味的極致在松露，動輒一株數百萬元，嚇死人！尋常人家，我們吃點香菇、磨菇、杏鮑菇便非常滿足了。

現在市面上流行起一小包一小包的雪白菇、鴻禧菇、柳松菇、珊瑚菇，眞空包裝，漂漂亮亮，簡直天天吃山珍美味。有時去Costco，買回一盒超大的波特貝勒菇，切片清炒、熗蠔油、單獨鹽烤，或是上頭鑲肉、鑲蛋烘烤，又或者，使用西式香料醃過後油煎成牛排模樣，味美鮮香，卻低卡又增免疫力，管它是動物、植物還是惰性食物呢！

香菇是柄短短的傘，給矮人拿的；
金針菇柄長、傘面小小的，是給瘦長的竹節蟲撐的；
鮑魚菇沒辦法當傘，倒像個大蒲扇；
小時候沒見過杏鮑菇，不然會分發它去當涼亭。

閒扯蛋

文學沙龍朗誦會上，作家王盛弘朗讀〈料理一顆蛋〉，述說母親的愛。他中學時期，母親不知從哪學來用蛋黃沖牛奶、糜湯給他做早餐，據說十分滋養。但他從不知道那沒沖進牛奶的蛋清哪兒去了？與讀者交流時間，便有聽眾追根究柢：「後來你有沒有弄清楚，蛋白到底到哪裡去了？」盛弘一時發窘：「我下次回去問媽媽，我只知道她絕對不會浪費掉……」這時我自告奮勇起來解答：「我知道……」

我只是揣測主婦可能的做法：自己吃掉？可能性很低，誰會刻意去吃個生蛋白呢？那麼就是留著做菜了。去了蛋黃的蛋清可以做什麼？最簡單的是，做午、晚餐時再做一道蛋料理，把多餘的蛋白加進去就行了。但這種答案太簡單，我得炫耀一下主婦的實務經驗，我說了另一種可能。

炒肉片、炒雞丁，下鍋之前，先用蛋清、少許鹽、太白粉醃過，然後熱油鍋，下肉片或雞丁等物快速拌炒，七分熟便撈起，這是所謂的「過油」。之後原鍋爆香蔥薑蒜或辣椒之類提味作料，再把配料，可能是甜椒、紅蘿蔔、豆乾、芹菜、小黃瓜、筍片、香菇……，各種可能的蔬菜或豆類，大火快炒後加回肉片或雞丁，最後再加入醬料調味，肉片會格外滑嫩。做滑蛋牛肉或滑蛋蝦仁，一樣先用蛋清醃一下，然後過油處理，才能有「滑」的口感。

所以我說：「蛋白應該是到肉裡去啦！」台下爆出掌聲，不管猜得對不對，這年頭，有個職業婦女還能頭頭是道講出蛋白的作用，大家已經很感動啦。

我沒有用蛋黃沖牛奶的習慣，所以情況跟盛弘的母親倒過來，常常炒肉片時需要蛋白，打一顆蛋，取用一大匙蛋清出來。最後菜做好了，剩下那顆孤伶伶的蛋黃，便順手炒個蔥花蛋或煎個荷包蛋──那顆蛋的蛋黃比例就會特別大，像正午的大太陽。

而說起蛋，好奇怪，「蛋」這個字在我們的語彙裡，好像都是負面的意思？一個人迷糊被稱是「糊塗蛋」，傻瓜是「笨蛋」，小孩不乖是「調皮搗蛋」，壞人是「壞蛋、混蛋」，窮人是「窮光蛋」，蠻荒之地「鳥不生蛋」，不自量力時「雞蛋碰石頭」，死讀書的學者是「蛋頭」，要你離開說「滾蛋」，無藥可救說「完蛋」，最常用來罵人的是「王八蛋」，連人死了，都說是「去蘇州賣鴨蛋」！可是，蛋是生命的起源耶。

蛋是窮人的營養聖品，盛弘的媽媽每天早晨用蛋黃沖牛奶給成長中的他；我母親則說過她新婚不久時的一件趣事。那時她幾乎不會做菜，當然更不懂得所謂「配菜」。一日，爸的老鄉臨時來訪，她極熱情要做菜好好招待，結果菜端出來後自己也嚇一跳：菜脯蛋、番茄炒蛋、皮蛋豆腐、蛋花湯……，一桌子全是蛋！在那年代，連冰箱都還沒有，臨時能拿出來招待，最好的食物就是蛋啊。爸和老鄉看著那一桌蛋，倒是都笑出來。媽媽那時才十八歲啊。

小時候過生日，哪有什麼生日蛋糕，蛋，倒是有。那好像是福州人的習俗，那天早上爸爸會煮雞湯麵線，每個人碗裡有一顆雞蛋，而壽星外加一顆鴨蛋。這就是我們的生日大餐啦。那麼簡單的一碗麵線，怎麼會那麼好吃，那麼教人懷念呢？

蛋是生命的起源，往往也是一個人練習廚事的起步。我年少時幾乎沒做過飯，但至少會煎荷包蛋。大學畢業後，家裡的早餐經常是我做的，也不過就是烤吐司、荷包蛋之類。或者有時消夜煮泡麵，還知道要加一顆蛋。

人到中年並不適合吃太多蛋，但成長中的孩子需要蛋。它有重要的蛋白質、卵磷脂，是提高免疫力的營養來源。因此我做便當，幾乎少不了蛋。時間充裕時，鮮菇烘蛋、竹筍烘蛋、絲瓜烘蛋、木耳炒蛋、紅蘿蔔炒蛋、漲蛋或蒸蛋；眞的沒時間，那就蔥花蛋、荷包蛋了。蛋也可能進入主菜，比如滑蛋牛肉、滑蛋蝦仁或鮮蝦銀芽烘蛋，都很受歡迎。週末閒來，有時也做做茶葉蛋，唯一訣竅是用好茶葉，自然清香有味。

蛋的名菜，我所知不多，畢竟它太尋常、太平民了。倒是聽過一個附庸風雅的典故，有廚師用雞蛋，以杜甫〈絕句〉詩四句：「兩個黃鸝鳴翠柳，一行白鷺上青天。窗含西嶺千秋雪，門泊東吳萬里船。」做了四道菜：兩個蛋黃旁加一棵碧綠青菜，即是「兩個黃鸝鳴翠柳」；蛋白澆在一大葉煮熟的葉片上，那是「一行白鷺上青天」；「窗含西嶺千秋雪」是蛋花湯，至於「門泊東吳萬里船」，據說只是在清湯上頭擱幾片蛋殼。這什麼跟什麼呀，還是老實煮蛋吧。

連最簡單的水煮蛋，也有操作型定律。有回公婆、大姑一家來過夜，晨起做早餐，煮水煮蛋。婆婆問我爲什麼有辦法把蛋煮得恰到好處？我馬上去找出一個定時器送給她：「有這個就萬無一失了。」

把水煮開（可加一小匙鹽，據說蛋較不易破），轉小火，把蛋輕輕放進去，然後轉動定時器，八分鐘。八分鐘後定時器響起，關火，蛋黃會恰好在剛凝結還未老的狀態，顏色彷彿夕陽。（喜歡蛋黃還能流動的，可定六至七分鐘。）對於白煮蛋，是一定要「科學操作」、嚴格計時的，其他菜尚可察言觀色憑感覺，然而蛋殼裡的變化是茶壺內的風暴，外觀完全看不出來呀。

不過倒也不是人人都喜歡吃蛋。我在洛杉磯念書時，上海同學紹誼不吃蛋，有時我們約好課後一起去圖書館找資料，為省時，我先做好三明治，也幫他帶一個，就不必跑餐廳了。他卻面有難色，因為裡面有煎蛋。「蛋耶，你不敢吃？」他說吃完蛋以後，口裡有種不大好的氣味。

上海同學不算怪，每樣食物總有不吃的人，我不吃生魚片，也很多人嫌我怪。大學時碰到一個建築系男生，他不吃還有「蛋的形狀」的蛋。「什麼？蛋不就是橢圓形嗎？橢圓形礙著你？」他說不知道，就是不喜歡，所以他可以吃蒸蛋、炒蛋，但是不吃水煮蛋、茶葉蛋。「荷包蛋呢？已經不是橢圓形囉？」「不吃，看起來還是一顆蛋。」「那打散的煎蛋呢？」「也比較不吃，看起來還是一顆蛋。」迎面走來一位鵝蛋臉女孩，我說：「她漂亮嗎？」他搖頭。「我知道了，她的臉讓你想到蛋，對不對？」

樹的耳朵

木頭怎麼會長耳朵啊？小時候一聽到「木耳」這個名字就一直笑，想像它是樹的耳朵，咬起來清脆的口感，令我忍不住摸摸自己的耳朵。它能幫樹聽聽風的聲音、海的聲音、蜜蜂的嗡嗡、小鳥的啾啾，還有人的話語嗎？

小六那年開始帶便當，因為愛吃木耳，我的便當裡常有花枝炒木耳、木耳炒花椰。我跟秀鳳要好，常常交換便當裡的食物，她竟是生平第一次吃木耳。「好好吃喔。」隔兩天，她喜孜孜打開便當給我看，有一道木耳炒肉絲，她說她回家問媽媽木耳貴不貴？她以爲那是非常珍稀的食物，她母親說不貴啊，第二天便去市場買木耳做給她吃。

秀鳳的母親年紀比較大，滿頭白髮，又說一口福州話，我第一次看到以爲是祖母。他們住空軍眷村，可能父母都從大陸來，所以年紀大些。她總在窗外喊：「伊鳳啊！」我一聽便知道是福州人，福州話裡的「伊」類似閩南語的「阿」，就像閩南語的爸爸說「阿爸」，福州話則說「伊爹」。我這麼清楚，因爲我也是福州人啊。我不會說福州話，外公是福建長樂人，也說福州話，但媽媽在台灣出生，不會說，爸爸只有跟外公交談時才使用福州話。可是爸很小就加入海軍，家鄉話已生疏，他跟我們都說國語。外公常懷疑：他眞的是福州人嗎？

儘管對福州話一竅不通，聽見秀鳳跟她母親用福州話交談，還是覺得好親切，我一轉來南港就跟她最要好。我們共享便當，發覺兩家都吃紅糟，那是福州人喜愛的食材。這一天，我們兩個便當裡都有木耳，咬起來喀喀喀喀，不覺相視笑了。

日前林文月老師作東，請我和林水福先生吃飯。有一道木耳肉片，炒得相當可口，聽說是野生黑木耳，薄薄的，特別脆。林水福老師對我說：「木耳是平常不太會去買的菜，多吃一點！」怎麼會呢？我說我常吃啊。賣場中常有小盒包裝的有機黑木耳，我可是每週帶上一小盒，做菜時經常抓兩、三朵出來切片或切絲，就像紅蘿蔔一樣，做爲許多菜的基本配料。

木耳通常是配角，有一道「木須蛋」，木耳切絲炒蛋，算是主角之一了，可是這

小時候一聽到「木耳」這個名字就一直笑，想像它是樹的耳朵，
咬起來清脆的口感，令我忍不住摸摸自己的耳朵。
它能幫樹聽聽風的聲音、海的聲音、
蜜蜂的嗡嗡、小鳥的啾啾，還有人的話語嗎？

道菜名卻是個誤會。「木須」就是蛋，哪有蛋炒蛋？「木須」是北方人的說法，本來說的是「木樨」，也就是桂花，炒蛋的嫩黃色澤似小小的桂花，眞會取名字啊。但有個更有趣的傳說，那是在宮廷裡的別稱。因爲宮裡的太監對「蛋」這個字特別敏感，大家不敢在公公們面前提起「蛋」，就想了個美麗的名字「木樨」，叫著叫著就變成「木須」了。

木耳還有個闊氣的親戚——白木耳，它有美麗的別名，叫銀耳。但是我覺得它不像耳朵，倒像海葵，或是盛放的白色牡丹。這樣潔白美麗、長在朽壞腐木上的花朵，本身就富有強烈的隱喻，加上滋陰潤肺、生津補氣、潤膚養顏等等藥效，比起木耳，就眞的是貴氣了。

人們說起「紅樓宴」，關於劉姥姥進大觀園，被鳳姐捉弄吃鴿子蛋一席，那道鴿子蛋，不知怎麼衍生的，都變成了做法複雜的「銀耳鴿蛋」。而我有點固執，根深柢固地只拿黑木耳炒菜，是小日子的家常菜；拿白木耳做甜湯，冰糖銀耳蓮子湯、紅棗銀耳南瓜湯，都讓人覺得貴氣而滿足。

便當之三國演義

天天要做蛋食，想不出新花樣了，來個三色蛋吧。先處理皮蛋，兩顆皮蛋連殼煮七分鐘，放涼後剝殼，拿出一把雙人牌極薄極快的小刀，切成邊長不到一公分的小塊。再如法切兩個鹹蛋。雞蛋五顆，打散，少許鹽即可，因爲鹹蛋、皮蛋已有鹹味；調四大匙高湯，沙拉油二分之一大匙，細心調勻，儘量別起泡。取方型容器——我用的是玻璃保鮮盒，薄薄抹一層油，把鹹蛋、皮蛋均勻鋪上，再小心倒進蛋液，別攪拌，稍爲晃勻就好，皮蛋是「濁物」，一攪，顏色就灰了。進電鍋一杯水蒸熟，稍涼後倒扣出來，就是個三色「蛋糕」啦。

小兒口味清淡，喜歡自然食材，平日並不愛吃鹹蛋、皮蛋這類加工食物，不過偶爾總得變變花樣。

三色蛋還可以做進階版。把新鮮雞蛋的蛋白、蛋黃分開。蛋白加三匙高湯，蛋黃加一匙湯，各少許沙拉油，拌勻。鹹蛋、皮蛋鋪進方盒，倒入蛋白液，半杯水先蒸七分鐘，開鍋確認凝固了，倒進蛋黃液，半杯水再蒸七分鐘。這做法，切出來有一層金黃色外皮，更美；可蘸白醋，當作冷盤。

我在洛杉磯念書時也常玩這種把戲，但不是做三色蛋，而是三色果凍。老美超市裡有各式各樣的果凍、布丁粉，只要按著步驟照做，再笨都做得出來。但這怎能凸顯我的「賢慧」呢？於是我先在杯子裡倒一層葡萄果凍液，進冰箱凝結了，取出來，倒進布丁汁，等待凝固，最後再倒進柳橙果凍液，再進冰箱，出來就是一杯杯的三色果凍了。分明是現成的材料，只是分三梯次執行，但有誠意，而且「三」者為多，第一次吃到的人不免驚喜。

「三」者為多，怕蔬菜單調，經常也要配個三色蔬。茭白筍、紫椰菜炒糯米椒；蘆筍、玉米筍炒紅蘿蔔；節瓜、美白菇炒木耳；紅甜椒、黃甜椒炒磨菇……，隨你怎麼配，無三不成理，只要三種顏色，就是三色蔬了。

海鮮要三鮮，鮮蝦、干貝、花枝，或是海參（我兒下過禁奢令，我便不用海參，其實他不知道好的干貝更貴）、蛤蜊、魷魚，又或者不一定都用海鮮，有時豬腰、雞胸肉片、鮮菇也能算一份，總之湊三個主角，或炒，或熗，或燴，三鮮是基本菜色。

紅燒肉，也非「三層肉」（即五花肉）不可，而且要連皮，視覺上也是三色、三種質感（瘦肉、肥肉、皮），太瘦的肉，白糟蹋了紅燒的火候。

而我做便當，三道菜為大原則。為我熱愛三國歷史的小孩，在廚房裡水掠火攻，神謀妙策一日日便當演義。

卷五 食光家常菜

「煙火」一詞，既代表了人家、人口集中，也代表了後代子嗣；中國是最食煙火的民族。

現在有時老公夜歸，問一句：「吃了沒？」「要吃點東西嗎？」然後爐子一熱便可端出消夜。

家裡開伙、有了鑊氣，氣氛微妙的變化，實在難以言說。

絲瓜炒蛋

●材料：

絲瓜一條、雞蛋二顆、鹽半小匙。

●做法：

一、絲瓜切一．五公分厚片。

二、雞蛋打散，少許油，小火煸炒成散粒。

三、放進絲瓜片，蓋上鍋蓋，轉最小火燜，過程中不時掀蓋略翻一下，避免絲瓜黏鍋燒焦，出水後蓋鍋蓋續煮至軟，少許鹽起鍋。

孜然蒜香乾煸杏鮑菇

●**材料：**

杏鮑菇二百克、蒜末一大匙、孜然粉一茶匙、胡椒鹽適量。

●**做法：**

一、杏鮑菇切厚片。

二、熱鍋，小火用橄欖油把杏鮑菇煎黃，加點蒜末續炒至乾香。

三、起鍋前撒上胡椒鹽和孜然粉炒勻。

註：可把這道孜然杏鮑菇鋪在義大利麵條上。

菊花小管

● 材料：

小管六～八隻、紅蘿蔔數片、節瓜（或小黃瓜）數片、檸檬胡椒鹽適量、醬油膏適量。

● 做法：

一、小管去除頭、尾（可留下另做三杯小管），保留身體，撕去薄膜，切成四公分長的圓圈，由上縱切三公分不切斷。

二、滾水加入小管燙熟立刻撈起，便成菊花狀。

三、紅蘿蔔、節瓜（小黃瓜）片燙熟，擺盤做為襯底，菊花形狀的小管擺放其上。小管撒檸檬胡椒鹽，醬油膏另放小碟，供紅蘿蔔、瓜片蘸食。

咖哩四季豆馬鈴薯

●材料：

馬鈴薯二～三個、玉米筍六支、四季豆一小把、糯米辣椒四根、大蒜六瓣、奶油一大匙、橄欖油三大匙、印式咖哩粉二大匙、鹽少許。

●做法：

一、馬鈴薯切厚片，玉米筍對半橫剖，四季豆去兩端、去筋後切段。

二、奶油一大匙、橄欖油三大匙入煎鍋加熱後，放入糯米辣椒、大蒜、咖哩粉，大火拌炒一下，把馬鈴薯片加入鍋中，少許鹽調味，讓馬鈴薯充分裹上奶油、香料。

三、放入四季豆、玉米筍，蓋上鍋蓋，轉中小火，中間不時翻動以免黏鍋，約十五分鐘馬鈴薯熟透即成。

干貝茄子塔

●材料：

茄子一條、新鮮干貝六個、檸檬汁少許、白酒一小匙，蒜末一大匙、鹽少許、黑胡椒粉少許、橄欖油1/2大匙、奶油1/2大匙。

●做法：

一、茄子洗淨，切厚約〇．三公分的斜片，泡入水中備用。

二、熱橄欖油，做法一的茄子以中火煎至兩面上色，一邊撒少許鹽、黑胡椒粉，起鍋備用。

三、干貝擦乾，撒少許鹽。

四、橄欖油、奶油各1/2大匙，小火爆香蒜末，轉中大火放進干貝，每面各煎約兩分鐘，其間撒上黑胡椒粉，煎至兩面金黃（不需要全熟，餘熱可把中心焖熟），撒上檸檬汁、白酒，起鍋。

五、把香煎茄子疊上干貝即成。

蘋果養生雞

●材料：

雞腿肉二百克、富士蘋果半顆、美白菇一小包、木耳少許、紅蘿蔔少許、節瓜一條、蔥一支、蒜三瓣、薑少許、高湯二百毫升、蛋白一大匙、紹興酒一大匙、醬油一大匙、白胡椒粉一小匙、鹽1/2小匙、太白粉一小匙、香油一小匙。

●做法：

一、雞腿肉去皮、脂肪，切薄片，醃十分鐘（醃料：鹽、白胡椒粉、太白粉少許、蛋白一大匙）。

二、木耳、紅蘿蔔、節瓜切片，美白菇

洗淨剁開，蘋果連皮切薄片。

三、雞肉過油（在熱油中泡三十秒）撈出。

四、鍋內留少許油，美白菇炒香並出水，取出，濾掉水分。

五、另起鍋，爆香蔥、薑、蒜，加入木耳、紅蘿蔔、節瓜炒軟，加入做法四的美白菇及做法三的雞腿肉，淋上紹興酒拌炒後，加入高湯煮滾。

六、加入醬油、白胡椒粉、鹽，煮勻後，勾芡、滴香油。

七、做法六所有材料倒入烤盤，排上蘋果片，放入烤箱，二〇〇度C烤十五分鐘即成。

雪菜燜豆腐

●材料：

板豆腐一盒、雪菜一百克、絞肉一百克、高湯二百毫升。

●做法：

一、豆腐切成長方體，熱油大火炸成表面金黃，取出把油濾乾。

二、另鍋炒香絞肉，加入雪菜略炒後加入高湯、豆腐，煮滾後轉小火，蓋鍋燜燒約十分鐘收汁後即成。勿加鹽，雪菜已有鹹味了。

百花鑲豆腐

● 材料：

蝦仁二百克、板豆腐一盒、蔥、薑、鹽1/4小匙、糖少許、白胡椒粉少許、太白粉一大匙、香油少許。

● 做法：

一、蔥、薑切成末（也可加碎荸薺或香菇末）。

二、蝦仁剁拍成泥，和蔥末、薑末、鹽、糖、白胡椒粉攪拌均勻，再加入太白粉、香油拌勻，捏成一顆顆小球。

三、板豆腐切厚片，挖小圓洞，洞緣抹少許太白粉，把蝦球塞進去。進電鍋蒸十分鐘即成。

（挖出的豆腐小球可捏碎加入蝦漿之中。）

三色蛋

●材料：

皮蛋二顆、鹹蛋二顆、雞蛋五顆、鹽少許、高湯四大匙、沙拉油1/2大匙。

●做法：

一、皮蛋連殼煮七分鐘，放涼後剝殼，切成邊長不到一公分的小塊，鹹蛋亦切小塊。

二、新鮮雞蛋把蛋白、蛋黃分開。

三、蛋白加三匙高湯，蛋黃加一匙湯，各少許沙拉油，拌勻。

四、鹹蛋、皮蛋鋪進方盒，倒入蛋白液，外鍋半杯水蒸七分鐘。

五、開鍋確認蛋白已凝固，倒進蛋黃液，外鍋半杯水再蒸七分鐘。

六、稍涼後倒扣出來切片，即成。（如做冷盤，另備白醋沾食。）

雙蔥煨雞翅

●**材料：**

雞翅六百克、洋蔥一個、蔥三枝、醬油二大匙、醬油膏一大匙、米酒一大匙、鹽少許、白胡椒粉少許、水五百毫升。

●**做法：**

一、雞翅用醬油一大匙、米酒一大匙（材料外）先醃十五分鐘。

二、洋蔥切絲，蔥切段。

三、熱一鍋油，做法一的雞翅以中火炸至金黃，取出。

四、鍋留少許油，大火爆香洋蔥、蔥段，加入醬油、醬油膏、米酒、鹽、白胡椒炒勻，再加水，煮滾後轉小火煨煮約三十分鐘，再以中火續煮五分鐘收汁即成。

茄汁鮭魚排

●材料：

鮭魚二片、洋蔥半個、牛番茄二個、磨菇十個、蒜頭一小把、薑片適量、米酒二大匙、蠔油一大匙、醬油膏一大匙、番茄醬三大匙、白胡椒粉一小匙。

●做法：

一、魚洗淨，用米酒一大匙、鹽少許（材料外）醃五分鐘。

二、洋蔥、番茄切塊，磨菇泡水兩分鐘，瀝出孢粉。

三、熱油小火把蒜頭瓣炸成金黃色，取出。

四、熱平底鍋，放少許油（鮭魚自己會出油），將醃過的鮭魚煎至兩面酥黃，取出。

五、另熱一深鍋，下薑片，炒香洋蔥、番茄塊，續加入米酒、蠔油、醬油膏、番茄醬、白胡椒粉等調味料，炒勻後，加入鮭魚、蒜頭，再加入可淹過所有食材的水，煮開後轉小火，續煮約十五分鐘即成。

蘿蔔燒牛腩

●材料：

牛腩八百克、白蘿蔔一條、蒜瓣一小把、薑片適量、蔥花二大匙、米酒三大匙、醬油五大匙、八角三朵、糖一小匙、水約一千毫升。

●做法：

一、牛腩入開水煮三十分鐘，過程中不斷撈去浮油、渣滓；取出牛腩切段，湯汁留下。

二、熱油爆香蒜瓣、薑片，加米酒、醬油、八角、糖等調味料，再放入牛腩、濾去油渣的湯汁，煮滾後轉小火，蓋鍋蓋燉一小時。（過程中偶爾掀開，撈去浮油、渣滓，燒出來的牛腩色澤美不油膩。）

三、白蘿蔔切塊，放進鍋裡小火續煮三十分鐘，試吃鹹味是否適中，稍作調整；掀開鍋蓋小火續煮約十分鐘略爲收汁，撒上蔥花即成。

培根蘆筍捲

●材料：

培根一包、蘆筍二百五十克、黑胡椒粉適量。

●做法：

一、市售培根對半切成兩段；蘆筍去尾部粗段，切成七公分左右。

二、培根平鋪，包進蘆筍數支捲起，以泰國蘆筍（較細）爲例，每捲約可放進六支蘆筍。撒少許黑胡椒粉。

三、放進平底鍋小火慢煎，不需要放油，培根本身會出油，約三分鐘後翻面，煎到兩面金黃後即成。

註：網路食譜教學中，通常先將蘆筍燙熟並加鹽調味。建議蘆筍不需另外調味，原味蘆筍恰可中和培根的鹹味；也不必先燙熟，會過於軟爛，小火煎培根捲的過程，足可讓蘆筍熟透且保持甜脆。

彩椒菜心

● 材料：

紅甜椒半個、黃甜椒半個、大白菜梗一碗、青江菜梗一碗、紅蘿蔔一截、蒜片一小把、蔥一根（切段）、米酒一大匙、鹽一小匙、香油少許。

● 做法：

一、紅甜椒、黃甜椒、大白菜梗、青江菜梗、紅蘿蔔全部切成條狀。

二、熱鍋，橄欖油爆香蒜、蔥，加入所有蔬菜，邊炒邊加入米酒、1/3碗水，炒至大白菜梗、青江菜梗微軟，加鹽調味，滴幾滴香油起鍋。

註：這一道做法簡單，適合做爲便當菜，白菜、青江菜等取梗，較不怕蒸；取材可隨意變化，空心菜梗、玉米筍、蘆筍、節瓜，甚至綠花椰的菜心皆可搭配。

烤豆腐

● **材料：**

板豆腐一盒、黑芝麻一小匙、白芝麻一小匙、米酒一大匙、醬油四大匙、黑胡椒半小匙、香油半小匙。

● **做法：**

一、豆腐切片（約一公分厚），在烤盤上薄薄抹一層油，進烤箱二五〇度C烤十五分鐘。

二、調勻醬油、米酒、黑白芝麻、黑胡椒、香油等醬汁。

三、預烤十五分鐘後，取出豆腐，均勻鋪上做法二的醬汁，再放回烤箱二〇〇度C續烤十～十五分鐘即成。

佛手白菜

●材料：

大白菜十二葉、絞肉五十克、蔥屑二大匙、鹽1/2小匙、醬油一小匙、米酒一小匙、太白粉一小匙、香油一小匙。

●做法：

一、大白菜一葉一葉細心剝開，切除葉邊，取十三公分左右葉梗。入鍋燙軟後放進涼水冷卻，瀝去水分。每片葉梗從中間縱切幾刀，但不割斷。

二、絞肉加入蔥屑、鹽、米酒、太白粉等拌勻，搓成一個個小肉丸（也可加入香菇或荸薺末）。

三、肉丸包進做法一的白菜梗裡，折成菊花包；擺盤，進電鍋裡一杯水蒸熟。出鍋後，淋一大勺熱雞湯。

以上圖片，除〈百花鑲豆腐〉爲宇文正攝影，〈三色蛋〉爲 Paul Sun 攝影，其餘皆爲 C.C. Tomsun 攝影。

國家圖書館出版品預行編目資料

庖廚食光 / 宇文正作. --初版. --臺北市：遠流, 2014.11
面； 公分. --（綠蠹魚叢書；YLK77）
ISBN 978-957-32-7517-6（平裝）
1.飲食 2.文集
427.07 103020308

綠蠹魚叢書 YLK77

庖廚食光

作者	宇文正
插畫	唐唐
攝影	宇文正、Paul Sun、C.C. Tomsun
出版四部總編輯暨總監	曾文娟
資深主編	鄭祥琳
企劃	王紀友、廖宏霖
美術設計	火柴工作室
發行人	王榮文
出版發行	遠流出版事業股份有限公司
地址	臺北市南昌路二段81號6樓
電話／傳真	（02）2392-6899 ／（02）2392-6658
郵撥	0189456-1
著作權顧問	蕭雄淋律師
2014年11月 1 日	初版一刷
2016年 8 月25日	初版四刷

定價：新台幣330元（缺頁或破損的書．請寄回更換）

ISBN 978-957-32-7517-6

遠流博識網
http://www.ylib.com E-mail: ylib@ylib.com